铁路职业教育铁道部规划教材

（中专）

工程识图

（第二版）

张世军　主　编
李晓林　主　审

中国铁道出版社有限公司

2020年·北京

内 容 简 介

本书内容主要包括画法几何和土建专业图两大部分。其中，在画法几何部分介绍了制图基础知识，投影基础，点、线、面的投影，基本体与组合体的投影，轴测投影，剖面及断面等；在土建专业图部分介绍了铁路线路工程图、钢筋混凝土结构图、桥梁工程图、涵洞工程图、隧道工程图。

本书为中等职业学校铁道工程专业、土木工程类专业及相近专业的教材，也可供相关工程技术人员参考。

图书在版编目(CIP)数据

工程识图/张世军主编. —2 版—北京：中国铁道出版社，2010.10（2020.8重印）
铁路职业教育铁道部规划教材. 中专
ISBN 978-7-113-11892-1

Ⅰ. 工…　Ⅱ. 张…　Ⅲ. 工程制图—识图法—专业学校—教材　Ⅳ. TB23

中国版本图书馆 CIP 数据核字(2010)第 184964 号

书　　名：工程识图(第二版)
作　　者：张世军

责任编辑：李丽娟　　电话：010-51873135
封面设计：崔丽芳
责任校对：张玉华
责任印制：高春晓

出版发行：中国铁道出版社有限公司（北京市西城区右安门西街 8 号，100054）
网　　址：http://www.tdpress.com
印　　刷：三河市兴达印务有限公司
版　　次：2007 年 8 月第 1 版　　2010 年 10 月第 2 版　　2020 年 8 月第 10 次印刷
开　　本：787mm×1 092mm　1/16　印张：7.25　插页：1　字数：175 千
书　　号：ISBN 978-7-113-11892-1
定　　价：24.00 元

前　言

本书由铁道部教材开发小组统一规划，为铁路职业教育规划教材。本书是根据铁路中专教育铁道工程（工务）专业教学计划“工程识图”课程教学大纲编写的，由铁路职业教育铁道工程（工务）专业教学指导委员会组织，并经铁路职业教育铁道工程（工务）专业教材编审组审定。

本书内容主要包括画法几何和土建专业图两大部分。其中，在画法几何部分介绍了制图基础知识，投影基础，点、线、面的投影，基本体与组合体的投影，轴测投影，剖面与断面等；在土建专业图部分介绍了铁路线路工程图、钢筋混凝土结构图、桥梁工程图、涵洞工程图、隧道工程图等。为了便于教学，同时编写出版了与本书相配套的《工程识图习题集》。

本书是在2004年中国铁道出版社出版的由刘秀芩老师主编的《工程制图》基础上，由各参编老师总结多年教学改革经验编写而成的。

本书的特点是密切结合现场实际，知识体系和能力体系共同体现，满足铁道工程专业的教学要求。本书在内容的选择和组织上尽量做到主次分明，深浅恰当，详细适度，由浅入深，循序渐进，取舍方便；编写时尽量做到文句通顺，插图清晰规范，文图配合紧密。

本书由合肥铁路工程学校张世军主编，包头铁路工程学校李晓林主审。参加本书编写工作的有：包头铁路工程学校广强（第三、六章），武汉铁路桥梁学校廉亚峰（第一、七章），齐齐哈尔铁路工程学校杨琪（第四、五章），合肥铁路工程学校胡继红（第八章）、徐利艳（第十、十一、十二章）和张世军（前言、绪论、第二、九章）。

由于时间仓促与水平有限，书中缺点与错误在所难免，恳请读者批评指正。

编者

2010年7月

目　录

绪　论

一、工程图样在生产中的作用

在现代化社会生产中，各行各业都必须依靠图样。一项建筑工程或一个机械零部件，其形状、大小、结构很难用文字表达清楚，而图样则能很好地完成这一使命。设计人员用图样来表达设计意图，制造部门依据它来进行生产施工和技术交流等。因此图样常被称为工程界的"语言"，从事铁路生产施工的技术人员也毫不例外地必须掌握这种"语言"，通过正确地绘制和透彻地阅读图样来指导工程建设。

二、本课程的任务及要求

任何一门现代科学或专业技术都有其自身的基础，本课程主要介绍图样的基本知识、投影作图、工程图样的常用表达方法以及部分工程专业制图内容，是为本专业学生学习后续课程提供工程图学的基本概念、基本理论、基本方法和基本技能的一门专业技术基础课程；也是工程技术人员必不可少的专业基础。

通过本课程的学习，学生应牢固掌握投影的基本概念和基本理论，熟练掌握作图的基本方法和基本技能；通过制图标准的学习和贯彻，培养学生能严格按标准来绘制工程图样；通过由物到图、由图到物的思维锻炼，努力提高自己的工程图示能力和空间构形、图解空间几何问题的空间思维能力，进而达到较熟练地识图和绘制简单工程图样的目的。

三、本课程的特点及学习方法

本课程内容丰富、逻辑严密、表达严谨、实用性强。在学习过程中应有针对性地进行学习。

1. 勤动手

在课堂上认真听，课后要按时完成作业，画法几何内容的学习要落实在"画"上，工程制图内容的学习要落实在"制"上。通过按时完成作业，才能有条不紊的掌握"画"和"制"等方面的基本知识点。

2. 多思维

本课程的逻辑严密，学习过程中要不断地温故知新，多加联想，解题时每一作图过程都应有理论或方法作依据，不能盲目解题；逐步进行由物到图、由图到物的思维锻炼；完成一道作业题后应求变，即稍微改变已知条件后应该思考怎样求解。

3. 按标准

图样是工程技术语言，是重要的技术文件。学习时要严格遵守制图标准或有关规定，要有负责任的态度。在自我严格要求中，才能培养自己认真细致的工作作风。

4. 不松懈

本课程内容由易到难，步步深入，具有良好的系统性。只要掌握了学习方法，勤奋学习，就能克服学习中的困难，就能取得好的学习效果，从而达到教学目的，为今后的学习和工作打下坚实的工程图学基础。

第一章

制图基本知识

本章简要介绍我国的国家基本制图标准，包括图纸幅面、图框、标题栏、图线、字体、比例及尺寸注法等内容。简要介绍制图工具和用品的使用方法，以及平面几何图形的作图方法等。

§1-1 制图工具与用品

一、制图工具

1. 图 板

图板是用来铺放和固定图纸的，其工作表面必须平坦、光洁，左、右导边必须光滑、平直，如图 1-1 所示。

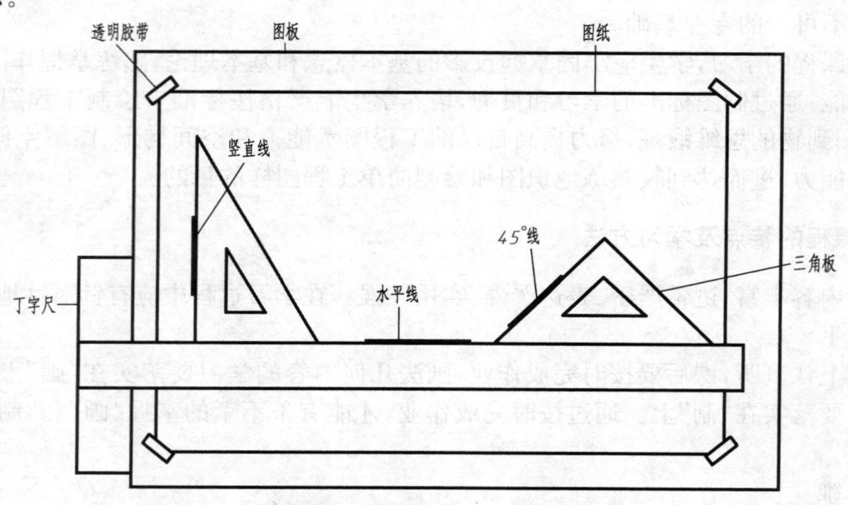

图 1-1 图板、丁字尺、三角板

2. 丁字尺

丁字尺由尺头和尺身两部分垂直相交构成，尺身的上边缘为工作边，要求平直光滑。丁字尺主要用来画水平线，如图 1-1 所示。

3. 三角板

一副三角板包括 45°、45°和 30°、60°各一块，如图 1-1 所示。丁字尺与三角板配合可画竖直线，还可画与水平线成 30°、45°、60°、90°以及 15°倍数角的各种倾斜线。

4. 圆规与分规

圆规主要用来画圆和圆弧。分规主要用来量取线段和等分线段(分规试分法等分线段见§1-3 几何作图)，如图 1-2 所示。

5. 曲线板

曲线板是用来画非圆曲线的工具。常用的曲线板如图 1-3 所示。

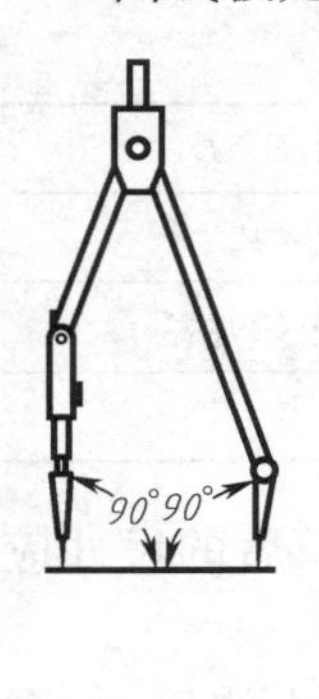

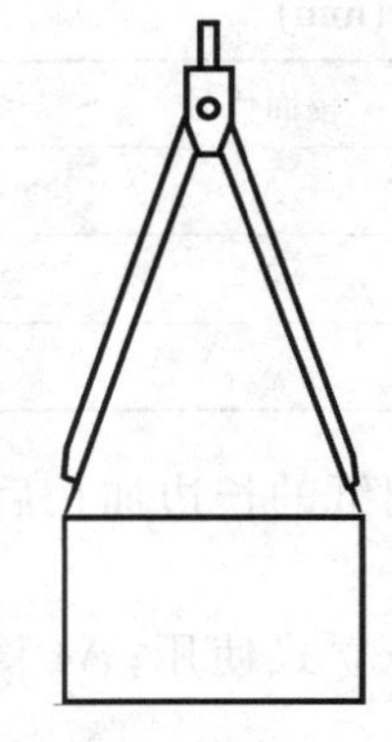

图 1-2　圆规、分规

图 1-3　曲线板

二、制图用品

1. 图　纸

图纸分绘图纸和描图纸两种，绘图纸要求纸面洁白，质地坚硬，用橡皮擦拭不易起毛，画墨线时不洇透，图纸幅面应符合国家标准。

2. 绘图铅笔

绘图铅笔的铅芯有软硬之分，B 前的数字愈大表示铅芯越软；H 前的数字愈大表示铅芯越硬；HB 表示软硬适中。HB 铅笔铅芯可在砂纸上磨成圆锥形，用来画底稿、加深细线和写字；B 铅笔的铅芯可磨成四棱锥或四棱柱形状，用来描粗线，如图 1-4 所示。也可选用符合线宽标准的自动铅笔绘图。

3. 绘图橡皮与擦图片

橡皮用于擦去不需要的图线，擦图片用于保护有用的图线不被擦除，并能提供一些常用图形符号，供绘图使用，如图 1-5 所示。

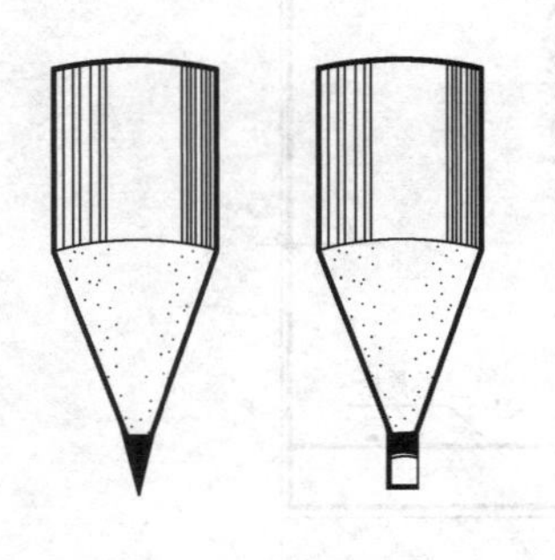

图 1-4　绘图铅笔

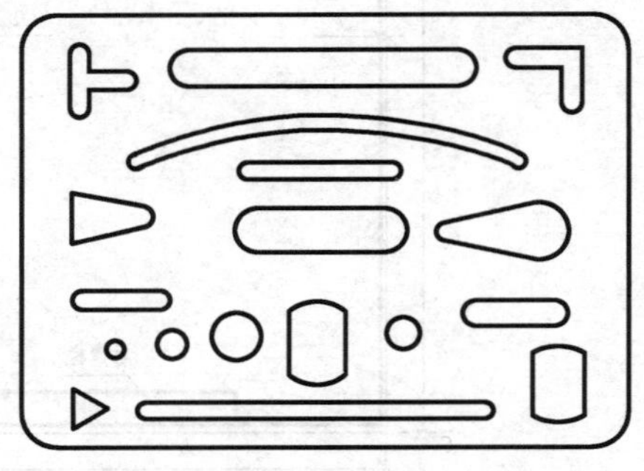

图 1-5　擦图片

§1-2　基本制图标准

一、图幅、图框与标题栏

1. 图纸幅面尺寸

为便于进行图样管理，对绘制图样的图纸，制图标准对其幅面的大小和格式进行了统一的规定，具体尺寸见表 1-1。

表 1-1　基本幅面 (mm)

幅面代号	尺寸 $B\times L$	幅面代号	尺寸 $B\times L$
A0	841×1189	A3	297×420
A1	594×841	A4	210×297
A2	420×594		

当表 1-1 中的图幅不能满足使用要求时，可将图纸的长边加长后使用。加长后的尺寸应符合制图标准的规定。

制图时，A0～A3 图纸宜横式使用，必要时也可立式使用；A4 图纸只能立式使用，如图 1-6。

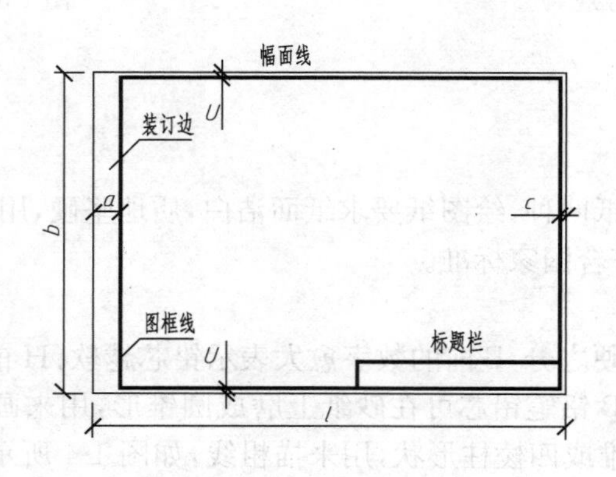

(a) A0—A3 横式幅面

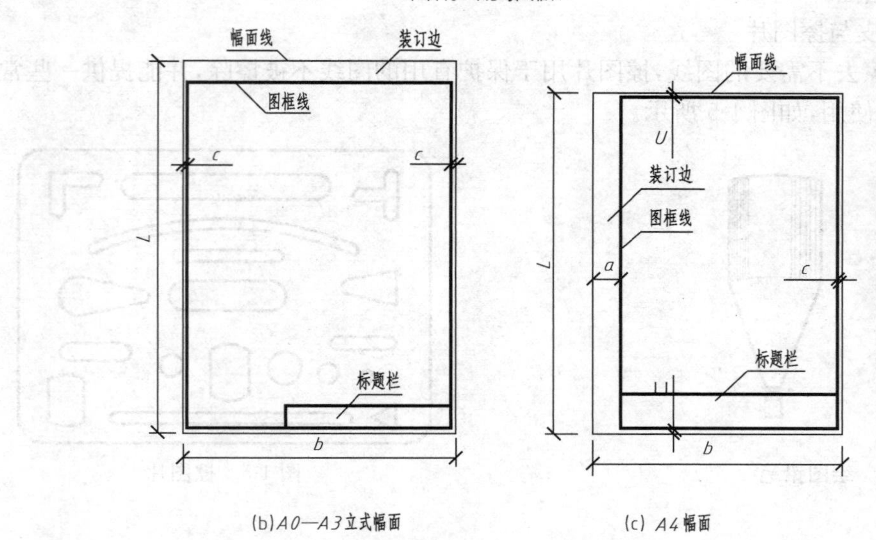

(b) A0—A3 立式幅面　　(c) A4 幅面

图 1-6　图幅格式

2. 图框格式

图框是图样的边界。在图纸上必须用粗实线画出图框。大小和格式见图 1-6 和表 1-2。

表 1-2　基本幅面的图框尺寸(mm)

幅面代号 尺寸代号	A0	A1	A2	A3	A4
$B \times L$	841×1189	594×841	420×594	297×420	210×297
c	10			5	
a	25				

3. 标题栏

标题栏(又称图标)在图纸的右下方。主要填写图名、制图人名、设计单位、图纸编号等内容。标题栏详细内容依具体情况而定,如图 1-7 所示。

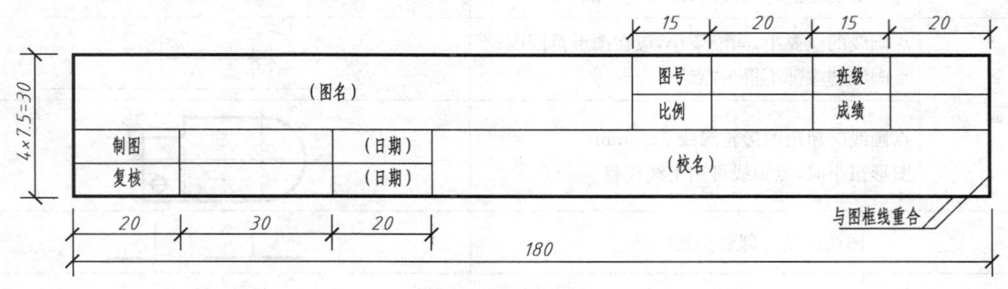

图 1-7　标题栏格式

二、图　　线

图形是由图线组成的,不同的图线表达的含义不同。制图标准规定了图线的种类和画法。

1. 图线的形式、规格及用途

图线的形式及一般用途见表 1-3。

表 1-3　线型表

名　称		线　型	一般用途
实线	粗		主要可见轮廓线
	中		可见轮廓线
	细		可见轮廓线、图例线等
虚线	粗		见有关专业制图标准
	中		不可见轮廓线
	细		不可见轮廓线、图例线等
单点长划线	粗		见有关专业制图标准
	中		见有关专业制图标准
	细		中心线、对称线等
双点长划线	粗		见有关专业制图标准
	中		见有关专业制图标准
	细		假想轮廓线、成型前原始轮廓线
折断线			断开界限
波浪线			断开界限

图线的宽度主要有粗(b)、中($0.5b$)、细($0.35b$)三种宽度，具体线宽应符合制图标准规定的线宽系列，即 0.18、0.25、0.35、0.5、0.7、1.0、1.4、2.0 mm。

2. 图线的画法及注意事项

图线的其他常见画法和注意事项应符合表 1-4 的要求。

表 1-4 图线画法

注意事项		画法
粗实线	粗实线要宽度均匀，光滑平直	
虚线	虚线间隔要小，线段长度要均匀； 虚线宽度要均匀，不能出现尖端； 虚线为实线的延长线时，应留有空隙	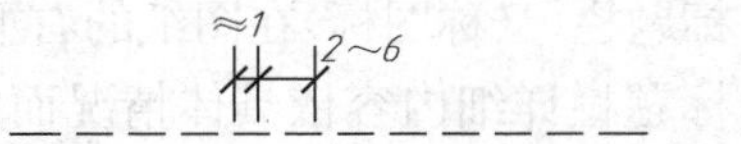 ≈1 2～6
点画线	点画线的点要小，间隔要小，应在图形范围内； 点画线的端部不得为“点”	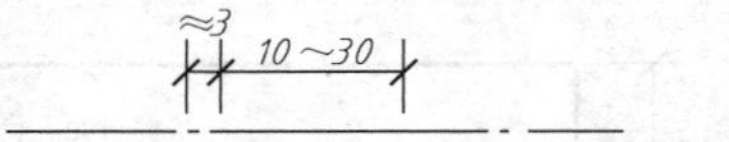 ≈3 10～30
	点画线应超出图形轮廓线 3～5mm； 图形很小时，点画线可用实线代替	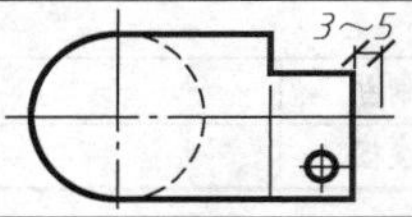 3～5
图线的结合部要美观		
图线应线段相交，不应交于间隙或点画线的“点”处		
两线相切时，切点处应是单根图线的宽度		
两平行线间的空隙不小于粗线的宽度，同时不小于 0.7 mm		

三、字　　体

图样上除了绘制物体的图形外，还要用文字填写标题栏、技术要求，用数字标注尺寸等等。为了易读、统一，制图标准对字体做了具体规定，如图 1-8 所示。

土木工程制图建筑结构基础设计测量审核(7号字，字高7mm)
平立侧剖面楼墙材料钢筋混凝土道桥隧城市规划水电暖气设备(5号字，字高5mm)
ABCDEFGHIJKLMNOPQRSTUVWXYZ
1234567890(直体)
abcdefghijklmnopqrstuvwxyz
1234567890(斜体)

图 1-8　文字的书写方法

书写字体要做到：笔画清晰、字体端正、排列整齐、标点符号清楚正确；字体高度(h)应从如下系列中选用：3.5、5、7、10、14、20 mm，若需书写更大的字，字体高度应按$\sqrt{2}$比率递增。字体的高度(h)代表字体的号数，如字高为 5 mm 的字称为 5 号字。

1. 汉　字

图样上的汉字应写成长仿宋体字，并应采用国家正式公布的简化字。汉字的宽度与高度的比例控制为 2∶3。

长仿宋体字的书写要领是：横平竖直、起落分明、结构匀称、写满方格。

2. 字母与数字

图样上可采用拉丁字母、阿拉伯数字和罗马数字书写。

字母和数字分为 A 型和 B 型。A 型字体的笔画宽度为字高的 1/14，B 型字体的笔画宽度为字高的 1/10，一般采用 B 型字体。同一图样应选用一种形式的字体。

字母与数字可写成斜体或直体。斜体字字头向右倾斜，与水平基准线成 75°。

四、尺寸注法

在图样上，图形只表示物体的形状。物体的大小及各部分相互位置关系，则需要用尺寸来确定。制图标准规定了图样中尺寸的注法。

1. 尺寸的组成

一个标注完整的尺寸应由尺寸界线、尺寸线、尺寸起止符号和尺寸数字四部分组成，简称尺寸标注四要素，如图 1-9 所示。

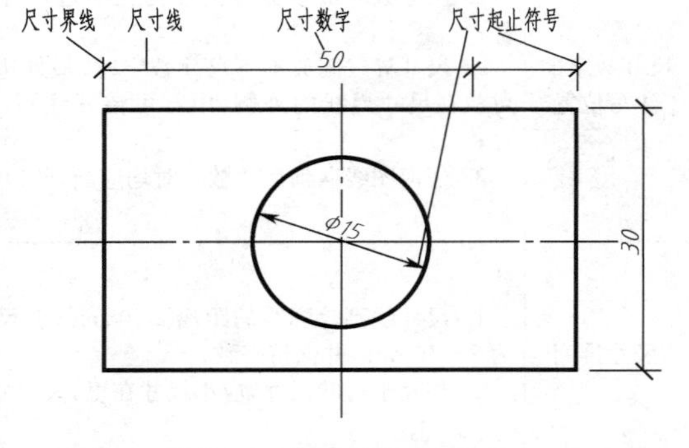

图 1-9　尺寸标注四要素

(1)尺寸界线。由所标注图线的两端点处引出，用来指明所注尺寸的范围，用细实线绘制。

(2)尺寸线。用来表示尺寸的方向，在两尺寸界线间绘制，一般应与所注长度平行，与尺寸界线垂直，用细实线绘制。

(3)尺寸起止符号。在尺寸线的两端绘出。有中粗斜短线和箭头两种形式。中粗斜短线的倾斜方向应与尺寸界线成顺时针 45°角，长度为 2～3 mm，此形式仅适用于建筑图样。直径、角度、弧长的起止符号及半径的终止符号，必须用箭头表示。

(4)尺寸数字。用来表示物体的实际尺寸，按照建筑国家标准的规定标注尺寸数字的方向，单位为 mm 时，需省略单位名称。

2. 常用尺寸的注法

常用尺寸的注法见表 1-5、表 1-6。

表 1-5　尺寸的基本注法(一)

内　容	说　　明	正确注法
尺寸界线	1. 尺寸界线的一端离开图样轮廓线不小于 2 mm，另一端超出尺寸线 2～3 mm； 2. 可以用轮廓线或点划线的延长线作为尺寸界线	≥2 mm　2～3 mm　φ8　20　30　40

续上表

内 容	说 明	正确注法
尺寸线	1. 尺寸线与所注长度平行； 2. 尺寸线不得超出尺寸界线； 3. 尺寸线必须单独画，不得与任何图线重合	
尺寸起止符号	1. 中粗斜短线的倾斜方向与尺寸界线成顺时针 45°，长度 2～3 mm； 2. 箭头画法如图所示	
尺寸数字的读数方向	1. 尺寸数字的字头方向遵循“朝上朝左”的规律，并与尺寸线的垂直线方向一致； 2. 当尺寸线与竖直线的顺时针夹角 α<30°时，宜按图示方向标注	
尺寸数字的注写位置	1. 尺寸数字按读数方向注写在靠近尺寸线的上方中部； 2. 尺寸界线间放不下尺寸数字时，最外边的尺寸数字可放在尺寸界线的外侧，中部可错开注写，也可引出注写； 3. 任何图线遇到尺寸数字时均应断开	
尺寸排列	1. 尺寸线到轮廓线的距离≥10 mm，各尺寸线的间距为 7～10 mm，并保持一致； 2. 相互平行的尺寸，应小尺寸在里，大尺寸在外	

表 1-6 尺寸的基本注法(二)

内 容	说 明	正确注法
圆	1. 圆应标注直径，并在尺寸数字前加注“ϕ”； 2. 一般情况下尺寸线应通过圆心两端画箭头指至圆弧； 3. 圆的标注也可采用图示的另一种方法； 4. 当圆较小时可将箭头和数字之一或全部移出圆外（箭头大小不变）	
圆弧	1. 圆弧应注半径，并在尺寸数字前加注“R”； 2. 尺寸线从圆心指向圆弧，起止符号用箭头； 3. 圆弧较小时，可将箭头和数字之一或全部移到圆弧外； 4. 圆弧较大时，可采用图示两种标注法	

续上表

内　容	说　明	正确注法
角度	1. 尺寸界限沿径向引出； 2. 尺寸线画成圆弧，圆心是角的顶点； 3. 起止符号为箭头，位置不够可用圆点代替； 4. 尺寸数字一律水平书写	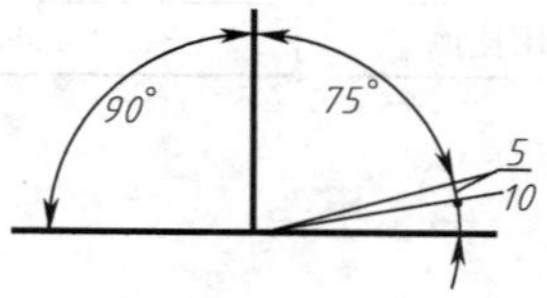
弧长	1. 尺寸界限垂直于该圆弧的弦； 2. 尺寸线用与该圆弧同径的圆弧线表示； 3. 起止符号为箭头； 4. 尺寸数字上方加注圆弧符号	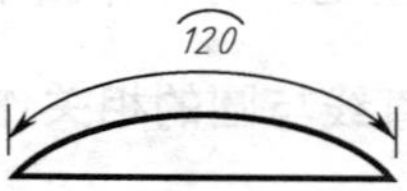
弦长	1. 尺寸界限垂直于该弦； 2. 尺寸线平行于该弦； 3. 起止符号为中粗斜短线	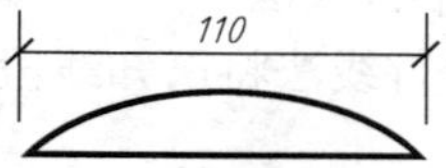
标高	1. 标高符号有三种形式，用细实线绘制，具体画法见图示； 2. 标高数值以米为单位，一般注至小数点后三位数（总平面图为二位数），负号“－”表示该面低于零点标高； 3. 同一位置表示几个不同标高时，数字可按图示注写	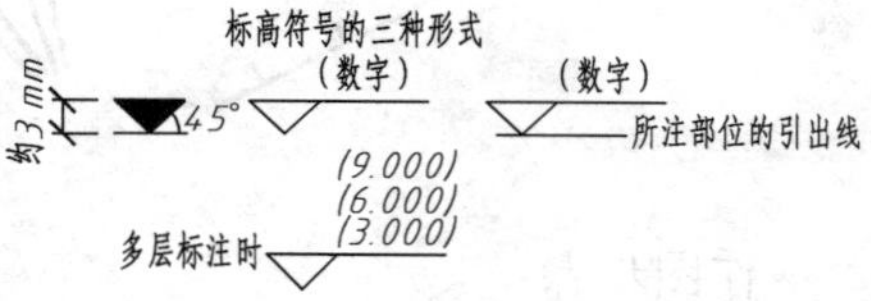
坡度	1. 坡度数字下的箭头为单面箭头，并指向下坡方向，坡度的两种注法见图示； 2. 同一图样中的坡度注法应尽量统一	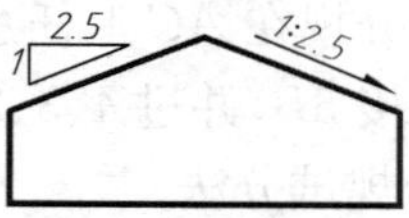

五、比　例

制图标准对图幅的大小和规格作了统一规定，有时图样不能按物体的实际尺寸绘制，需要按一定的比例缩小或放大图样。

图样的比例指图形与实物相对应的线性尺寸的比值，即比例＝图尺寸/实物尺寸，则图尺寸＝实物尺寸×比例。如图 1-10 所示足球场平面图，比例为 1∶500，实际长度 25 000 mm，则图形长度为 25 000×1/500＝50 mm。

比例应注写在标题栏内，但当图样比例不同时，则在每一图样下方注写图名和比例，如图 1-10 所示。标注尺寸时要书写实际尺寸数字。

制图标准对绘图比例的选用作了统一规定，见表 1-7。

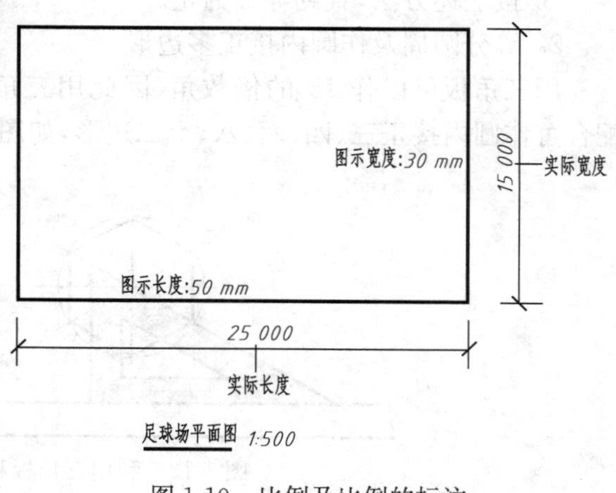

图 1-10　比例及比例的标注

表 1-7 绘图所用的比例

常用比例	1∶1、1∶2、1∶5、1∶10、1∶20、1∶50、1∶100、1∶200、1∶500、1∶1 000、1∶2 000、1∶5 000、1∶10 000、1∶20 000、1∶50 000、1∶100 000、1∶200 000
可用比例	1∶3、1∶4、1∶6、1∶15、1∶25、1∶30、1∶40、1∶60、1∶80、1∶250、1∶300、1∶400、1∶600

§1-3 几何作图

用制图工具可以作出常见的平面几何图形。

一、直线与圆的相关作图方法

1. 任意等分直线

(1)平行线法

用平行线法将已知线段 AB 分成 n 等分的作图方法如图 1-11 所示。

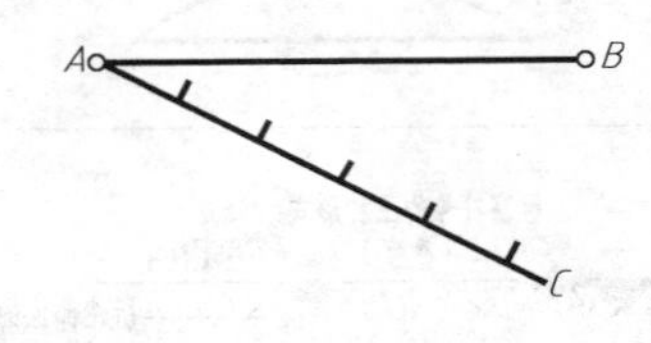

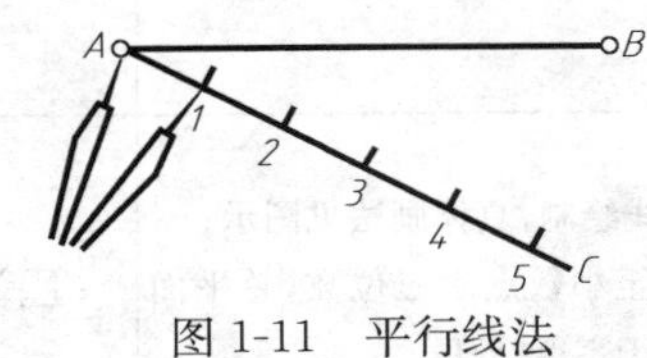

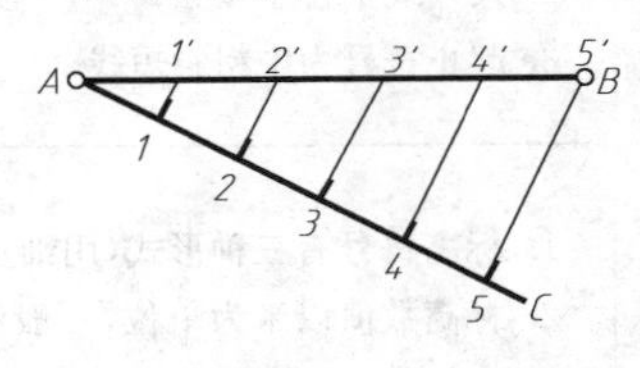

图 1-11 平行线法

作图步骤：

① 过端点 A 作直线 AC，与已知线段 AB 成任意锐角；

② 用分规在 AC 上任意相等长度截得 1、2、3、4、5 各分点；

③ 连接 $5B$，并过 4、3、2、1 各点作 $5B$ 的平行线，在 AB 上即得 $4'$、$3'$、$2'$、$1'$各等分点。

(2)分规试分法

用分规将已知线段 AB 分成四等分的作图方法如图 1-12 所示。

作图步骤：

① 先估计每一等分的长度，用分规截取四等分到达 4 点；

② 调整分规长度，增加 $e/4$，再重新等分 AB；

③ 按上述方法，直到等分为止。

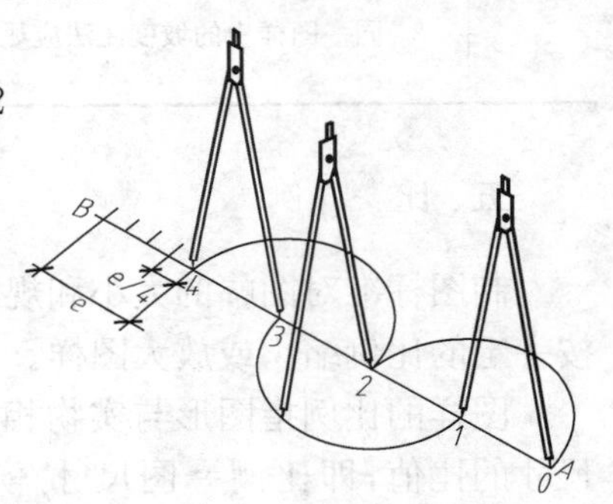

图 1-12 分规试分法

2. 等分圆周及作圆内接正多边形

用三角板可以作 15°的倍数角，因此用三角板和丁字尺配合可作圆内接正三、四、六、八、十二边形，如图 1-13 所示。

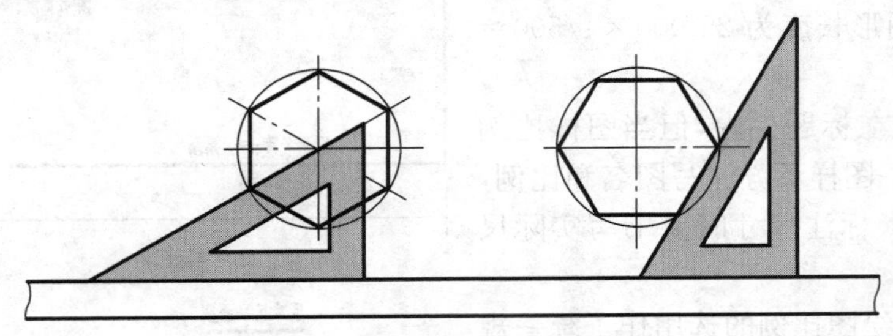

图 1-13 利用三角板和丁字尺作正六边形

二、图线连接

画物体的轮廓形状时，经常需要用圆弧将直线或其他圆弧光滑圆顺地连接起来，或者用直线将圆弧连接起来，称为图线连接。

1. 连接形式与基本原理

图线光滑连接的基本原理就是保证两条线相切，即直线与圆相切，圆与圆相切，如图 1-14 所示。

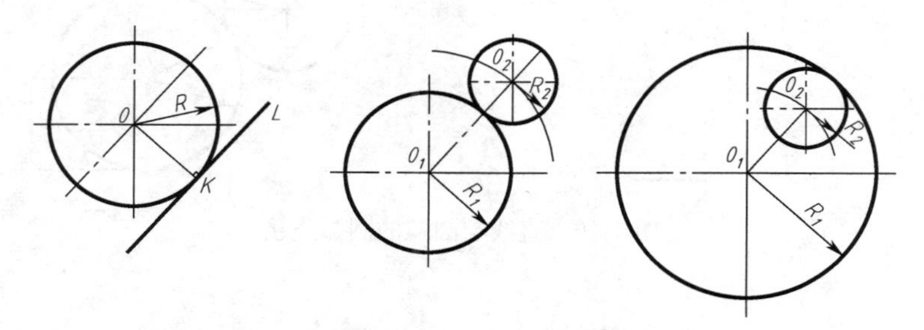

图 1-14　图线连接的基本原理

直线与圆相切——直线到圆心的距离为 R，圆心在距离直线为 R 的平行线上。

圆与圆外切——两圆心的距离为 R_1+R_2，圆 2 的圆心在与圆 1 同心，半径为 R_1+R_2 的圆弧上。

圆与圆内切——两圆心的距离为 R_1-R_2，圆 2 的圆心在与圆 1 同心，半径为 R_1-R_2 的圆弧上。

2. 图线连接的作图方法

用已知半径的圆弧连接已知线段或已知圆弧，这已知半径的圆弧称为连接弧。根据图线连接的基本原理，求出连接弧的圆心和切点，然后作图。

(1)与两条直线连接

[例 1-1]　已知直线 L_1、L_2 及连接弧半径 R，求作连接弧。

分析：连接弧与两直线分别相切，则连接弧的圆心既在与直线 L_1 距离为 R 的平行线上，又在与直线 L_2 距离为 R 的平行线上，因而可确定连接弧的圆心在这两条平行线的交点上，如图 1-15 所示。

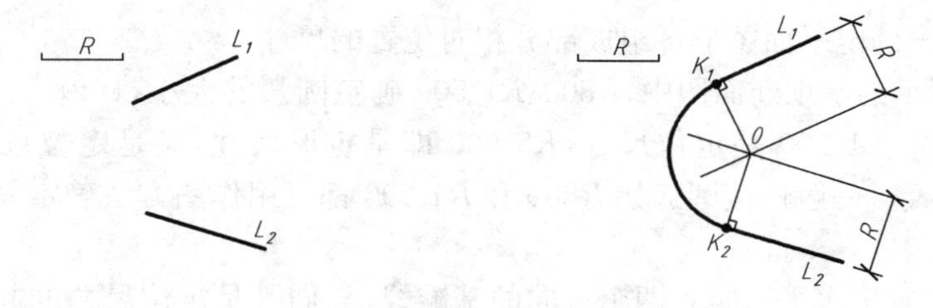

图 1-15　两直线间的圆弧连接

作图步骤：

① 作分别与 L_1、L_2 平行且相距为 R 的直线，其交点 O 为连接弧圆心；

② 求切点 K_1、K_2，连线并加深。

(2)与直线和圆弧连接

［例 1-2］ 已知圆弧 O_1、直线 L 及连接弧半径 R，求作连接弧。

分析：连接弧与直线 L 相切，则连接弧的圆心在与直线 L 距离为 R 的平行线上，与圆弧 O_1 外切，则连接弧圆心又在与圆弧 O_1 同心且半径为 $R+R_1$ 的圆弧上，则连接弧的圆心在平行线与大圆弧的交点上，如图 1-16 所示。

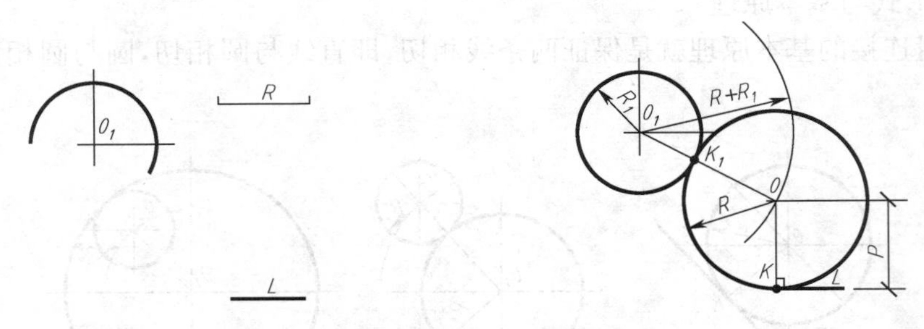

图 1-16　直线与圆弧的圆弧连接

作图步骤：

① 作与直线 L 平行且相距为 R 的直线，作与圆弧 O_1 同心且半径为 $R+R_1$ 的大圆弧，平行线与大圆弧的交点 O 即为连接弧的圆心；

② 求切点 K_1、K_2，连线并加深。

依据图线连接基本原理，还可作出用连接弧与两圆弧外切或内切的连接。

用直线与已知圆弧连接，可直接用三角板作图。

三、平面图形的画法

1. 平面图形的分析

手画平面图形，要先进行分析，确定图形的作图顺序。图形分析包括尺寸分析和线段分析两方面内容，分析时，一是要先确定图形的基准线、定位线，分析出主要线段，次要线段、决定整体绘图的大致顺序；二是要搞清哪些线段能够直接画出来，哪些线段不能直接画出来，决定相邻线段的作图顺序。

(1) 尺寸分析

定形尺寸——确定平面图形各组成部分大小的尺寸。如圆的直径、半径，线段的长度及角度等。

定位尺寸——确定平面图形各组成部分相对位置的尺寸。

在图 1-17 所示的水坝断面图中，R800、R1 500 确定圆弧的大小，1 400、3 300、8 000 这些尺寸都是定形尺寸。1 500 是定位尺寸，R5 000 即是定形尺寸，又是定位尺寸，可确定圆弧 R5 000的圆心位置。一般连接圆弧如 R800 和 R1 500 都可用作图方法确定其圆心，所以不必标出圆心的位置。

画图时，应先确定水平和竖直两个方向的基准线，它们既是定位尺寸的起点，又是最先绘制的线段，见图 1-17 所示。基准线可选择图形的重要端线、对称线、中心线等。

(2) 线段分析

已知线段——具备完整的定形尺寸和定位尺寸，可直接画出的线段，如图 1-17 中的圆弧 R5 000 等。

连接线段——需要通过与已知线段相连接才能画出的线段，如圆弧 R800 和 R1 500。

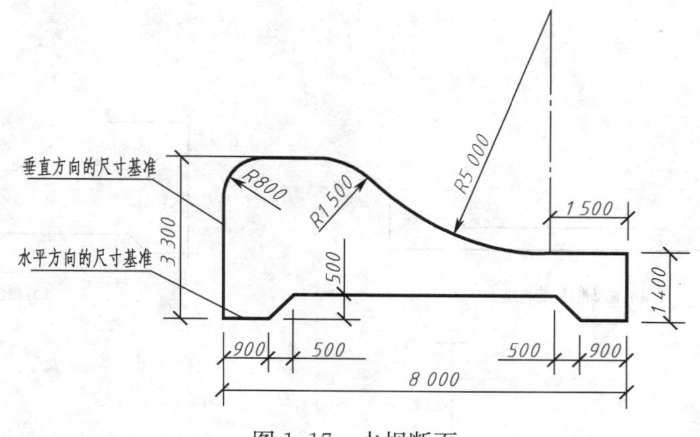

图 1-17　水坝断面

作图时,按已知线段——连接线段的顺序,结合绘制图线的难易程度,决定整体绘图的大致顺序。

2. 平面图形的画图步骤

平面图形的画图步骤如图 1-18 所示。

(1) 图形分析

通过尺寸分析和线段分析,确定作图的基准线、定位线,确定绘图顺序。

(2) 绘制底稿

确定图幅和比例,画出图框和标题栏,布图。

画图线:画出作图的基准线,并根据定位尺寸画出定位线,如图 1-18(a)所示。按已知线段一连接线段顺序,并结合图线的难易程度画出图线,如图 1-18(b)、(c)所示。标注尺寸,如图 1-18(d)所示。

检查图样,修改错误。

(3) 描深底稿

描深底稿应遵循如下顺序:

①先曲后直,保证连接圆滑;

②先细后粗,保证图面清洁,提高画图效率;

③先水平(从上至下)后垂、斜(从左至右先画垂直线,后画倾斜线),保证图面清洁;

④先小(指圆弧半径)后大,保证图形准确,如图 1-18(e)所示。

(4) 图样修饰

3. 平面图形的尺寸注法

平面图形的尺寸标注要求正确、完整、清晰。

标注步骤:

(1) 确定尺寸基准,如图 1-17 中的水平方向的尺寸基准和垂直方向的尺寸基准。

(2) 标注定形尺寸,如图 1-17 中的 1 400、3 300、8 000 和确定圆弧大小的尺寸 R800、R1 500等。

(3) 标注定位尺寸,如图 1-17 中的尺寸 1 500 等。

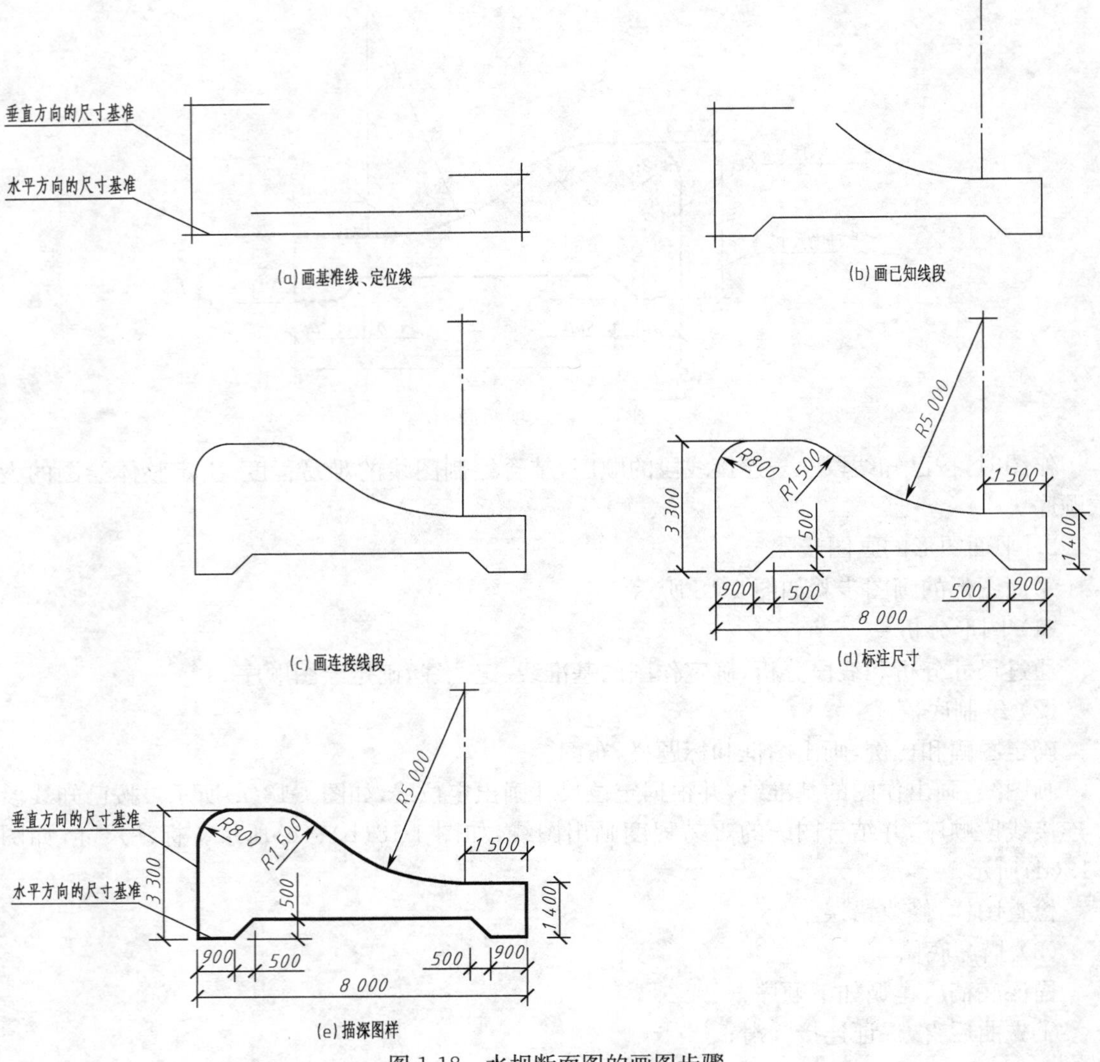

图 1-18 水坝断面图的画图步骤

思考题

1. 常用的绘图仪器工具有哪些？试述它们的用途和使用方法。
2. 图纸的幅面规格有哪几种？它们的边长之间有何关系？
3. 线型规格有哪些？各有何用途？试述图线的画法要求。
4. 长仿宋字汉字的书写要领是什么？字体的宽度和高度的关系有何规定？
5. 图样的尺寸由哪几部分组成？标注尺寸时应注意哪些内容？
6. 试述任意等分线段的方法和步骤。
7. 试述圆内接正五、六边形的作图方法和步骤。
8. 试述用已知圆弧连接直线和圆弧的作图方法和步骤。
9. 试述用四心法近似作椭圆的作图方法和步骤。

第二章

投影基础

§2-1　投影的基本知识

一、投影基本概念

物体在光线的照射下，会在墙面或地面上产生影子[图 2-1(a)]，这就是投影现象。投影法是将这一现象加以科学抽象而产生的。投射线通过物体向选定的投影面投射，并在该投影面上得到图形的方法，称为投影法，如图 2-1(b)所示。

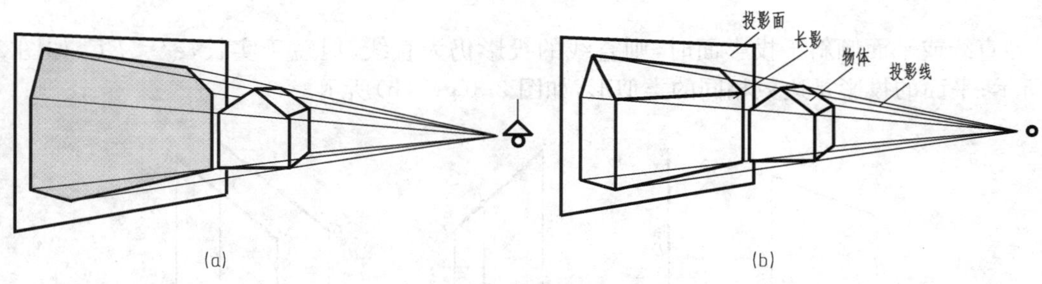

图 2-1　物体的投影

二、投影的分类

工程上常用的投影法有两类：中心投影法和平行投影法。

1. 中心投影法

投射线汇交一点(S)的投影法称为中心投影法，S 称为投射中心，如图 2-2(a)所示。

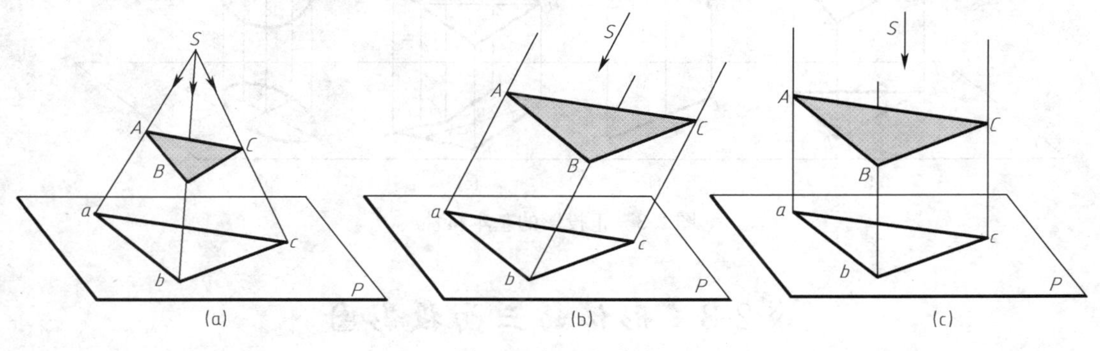

图 2-2　投影的分类

2. 平行投影法

当投射中心移至无限远处，投射线即可视为相互平行。投射线相互平行的投影法称为平行投影法，S 表示投射方向。根据投射方向与投影面之间的几何关系，即两者是倾斜还是垂直，又可分为斜投影法[如图 2-2(b)所示]和正投影法[如图 2-2(c)所示]。

其中，正投影法在工程上应用最广，书中若无特别说明，所称的“投影”即指“正投影”。

§2-2 正投影的基本特性

一、显实法

当直线或平面平行于投影面时，其投影反映实长或实形，如图 2-3(a)、(e)所示，$ab=AB$，$\triangle abc \cong \triangle ABC$。

二、积聚性

当直线或平面垂直于投影面时，则直线的投影积聚成一点，如图 2-3(b)所示，平面投影积聚成一直线，如图 2-3(f)所示。

三、类似性

当直线或平面倾斜于投影面时，则直线的投影仍为直线，但短于实长，$ef<EF$，如图 2-3(c)所示；平面的投影是边数相同的类似形，如图 2-3(g)、(h)所示。

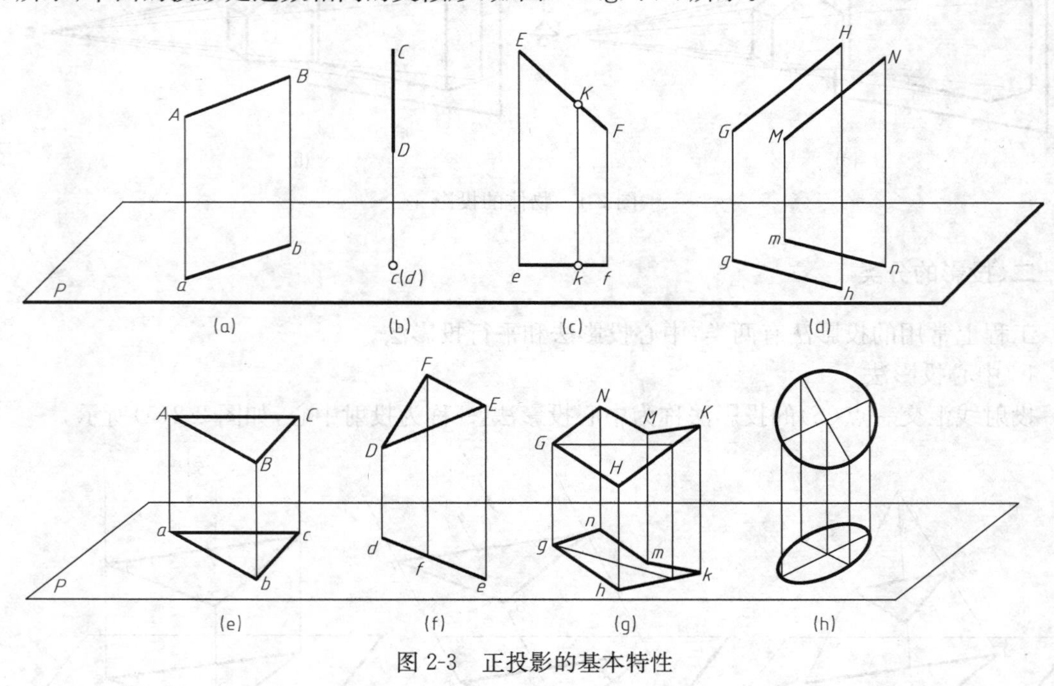

图 2-3 正投影的基本特性

§2-3 形体的三面投影图

一、三面投影体系的建立

图 2-4(a)表示三个不同形状的物体，但在同一投影面上的投影却是相同的。因此，当物体

与投影面形成较为特殊的投影位置关系时，仅根据一个投影是不能完整地表达物体形状的，必须增加投射方向，在不同的投影面上所得到的几个投影，互相补充，才能将物体表达清楚。

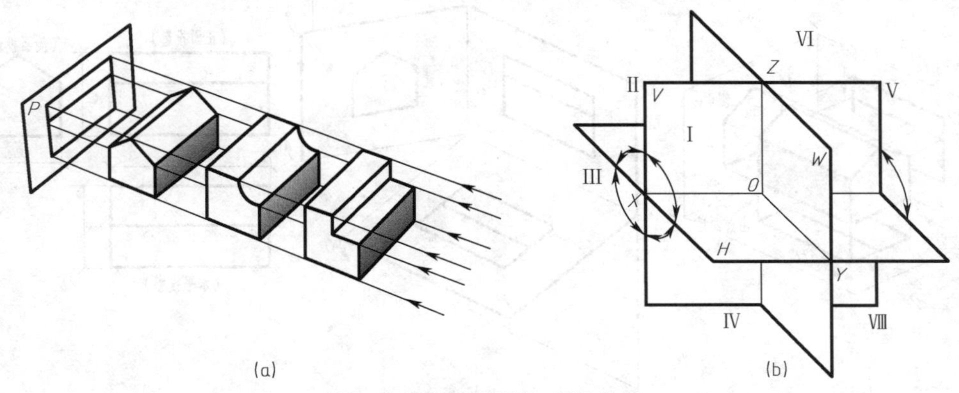

图 2-4　三面投影体系的建立

工程上通常采用三投影面体系来表达物体的形状，即在空间建立互相垂直的三个投影面：正立投影面（简称正面）V、水平投影面（简称水平面）H、侧立投影面（简称侧面）W，如图 2-4(b)所示。投影面的交线称为投影轴，分别用 OX、OY、OZ 表示，三投影轴交于点 O，称为原点。

V、H、W 三个面将空间分割成八个区域，这样的区域称为分角，按图示顺序编号为 Ⅰ、Ⅱ、Ⅲ、…、Ⅷ，Ⅰ号区域称为第一分角，Ⅲ号区域称为第三分角。我国国家制图标准规定工程制图优先采用第一角画法，必要时才允许采用第三角画法。有些国家的工程图样采用的是第三角画法。

二、三面投影图的形成

将物体置于第一分角中（V 面前方、H 面上方、W 面左方），然后分别向 V、H、W 三个投影面进行正投影，就得到三面投影图，如图 2-5(a)所示。由前向后在 V 面上得到的投影称为正面投影，正面投影图也称为正立面图（正面图）。由上向下在 H 面上得到的投影称为水平投影，水平投影图也称为平面图。由左向右在 W 面上的投影称为侧面投影，侧面投影图也称为左侧立面图（左侧面图）。

为了便于画图和表达，必须使处于空间位置的三面投影在同一平面上表示出来，规定 V 面不动，H 面绕 OX 轴向下旋转 90°，W 面绕 OZ 轴向右旋转 90°，与 V 面成为同一平面，如图 2-5(b)所示。此时，OY 轴分为两条，随 H 面旋转的一条标以 Y_H，随 W 面旋转的一条标以 Y_W。投影图的边框线一般不画，投影轴也可不画，各个投影之间只需保持一定间隔（用于标注尺寸）即可，如图 2-5(c)所示。

三、三面投影图的投影特性

1. 投影关系

由图 2-5(c)可以看出物体在三面投影图中的投影关系：正面投影与水平投影的长度相等，左右对正；正面投影与侧面投影的高度相等，上下平齐；水平投影与侧面投影宽度相等，前后对应。这就是三面投影之间的三等关系，即“长对正，高平齐，宽相等”。这一投影关系适用于物体的整体和任一局部，是画图和读图的基本规律。

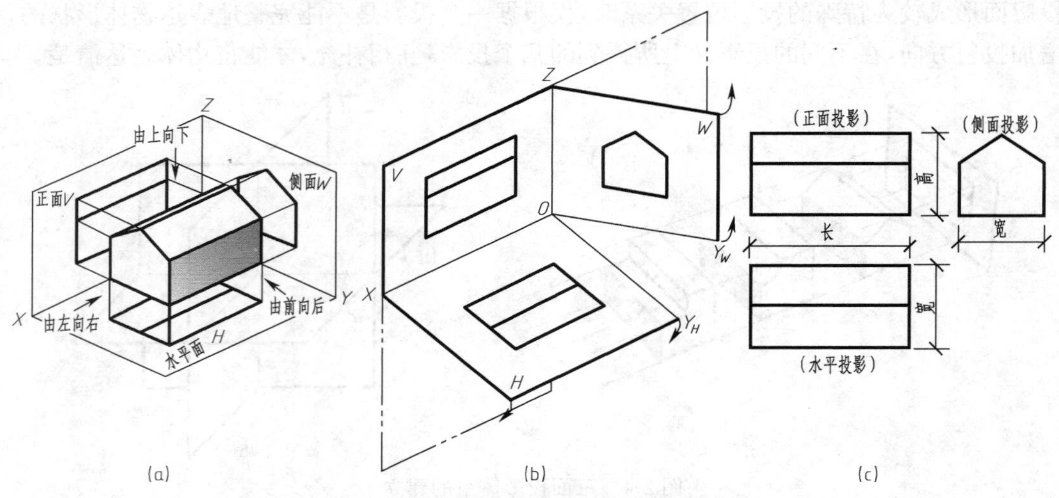

图 2-5　三面投影图的形成及其投影规律

2. 方位关系

如图 2-6 所示,物体有上下、左右、前后六个方位,正面投影图与水平投影图都反映左、右方位,正面投影图与侧面投影图都反映上、下方位,水平投影图与侧面投影图都反映前、后方位。空间物体在投影图中的上下和左右关系容易理解,而怎样判断物体在投影图中的前后位置关系时却容易出现错误。在三面投影展开过程中,由于水平面向下旋转,所以水平投影图的下方表示空间物体的前方,水平投影图的上方表示空间物体的后方。侧面向右旋转,侧面投影图的右方表示空间物体的前方,侧面投影图的左方表示空间物体的后方。所以物体的水平投影图和侧面投影图不仅宽度相等,还应保持前后位置的对应关系。

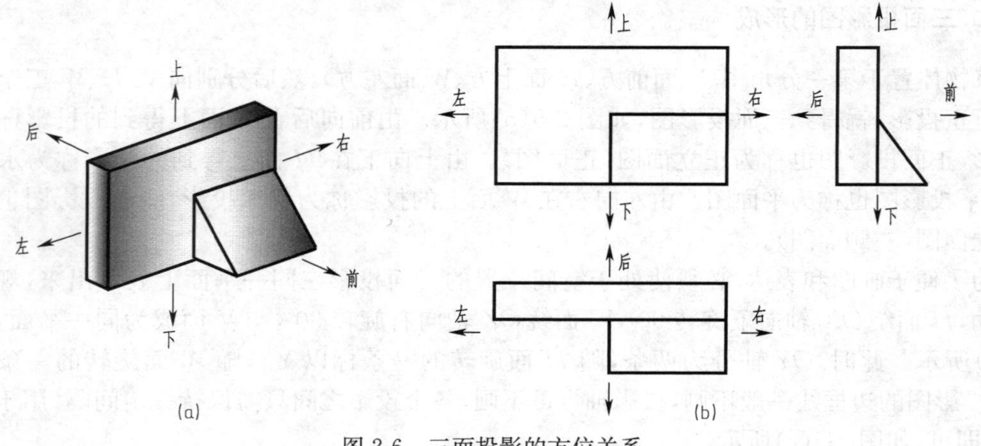

图 2-6　三面投影的方位关系

1. 什么是投影?投影法分哪几类?
2. 什么叫正投影法?正投影法有哪些特性?
3. 形体的三面投影规律是什么?在形体的三面投影图中形体的方位是如何规定的?

第三章

点、直线、平面的投影

点、直线、平面是构成形体的基本几何元素。本章将对这些几何元素的投影特性作进一步分析，为更好地掌握空间形体的表达方法打下必要的理论基础。

§3-1 点的三面投影

一、形体上点的投影

点的投影仍是点。

空间的点，用大写字母 A、B、C…来表示；点的投影，用相应的小写字母来表示。如图 3-1 所示，形体上有一点 A，A 点的三面投影，即空间 A 点分别向三个投影面作投影线，投影线与投影面的交点 a、a'、a''就是 A 点的三面投影图。

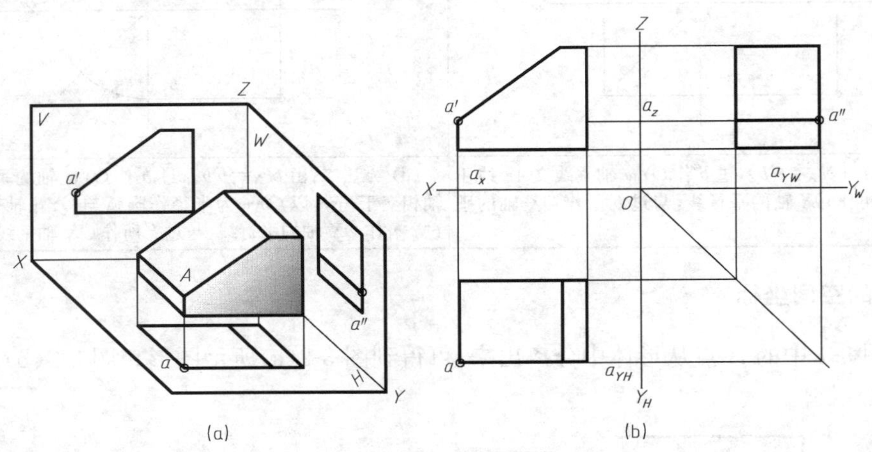

图 3-1 点的投影形成

A 点在 H 面的投影称为 A 点的水平投影，用 a 表示；

A 点在 V 面的投影称为 A 点的正面投影，用 a'表示；

A 点在 W 面的投影称为 A 点的侧面投影，用 a''表示。

把三个投影面展开，即得 A 点在形体上的三面投影图，如图 3-1(b)所示。

二、点的三面投影规律

点的三面投影在形体投影图上的位置如图 3-1(b)所示。从图中可以看出 A 点的三面投影具有以下规律，即

(1)A 点的正面投影 a'和水平投影 a 的连线 $a'a$ 垂直于 OX 轴，即 $a'a \perp OX$；

(2)A 点的正面投影 a' 和侧面投影 a'' 的连线 $a'a''$ 垂直于 OZ 轴，即 $a'a'' \perp OZ$；

(3)A 点的水平投影 a 到 OX 轴的距离 aa_X 等于 A 点的侧面投影 a'' 到 OZ 轴的距离 $a''a_Z$，即 $aa_X = a''a_Z$。

上述 A 点的投影规律，即为三面投影体系中空间任意点的三面投影规律，是画图与读图的重要依据。

［例题 3-1］ 已知 B 点正面投影 b' 和侧面投影 b''，求作 B 点的水平投影 b。

作图：根据点的投影规律，其作图方法步骤见表 3-1。

表 3-1 求点投影的方法步骤

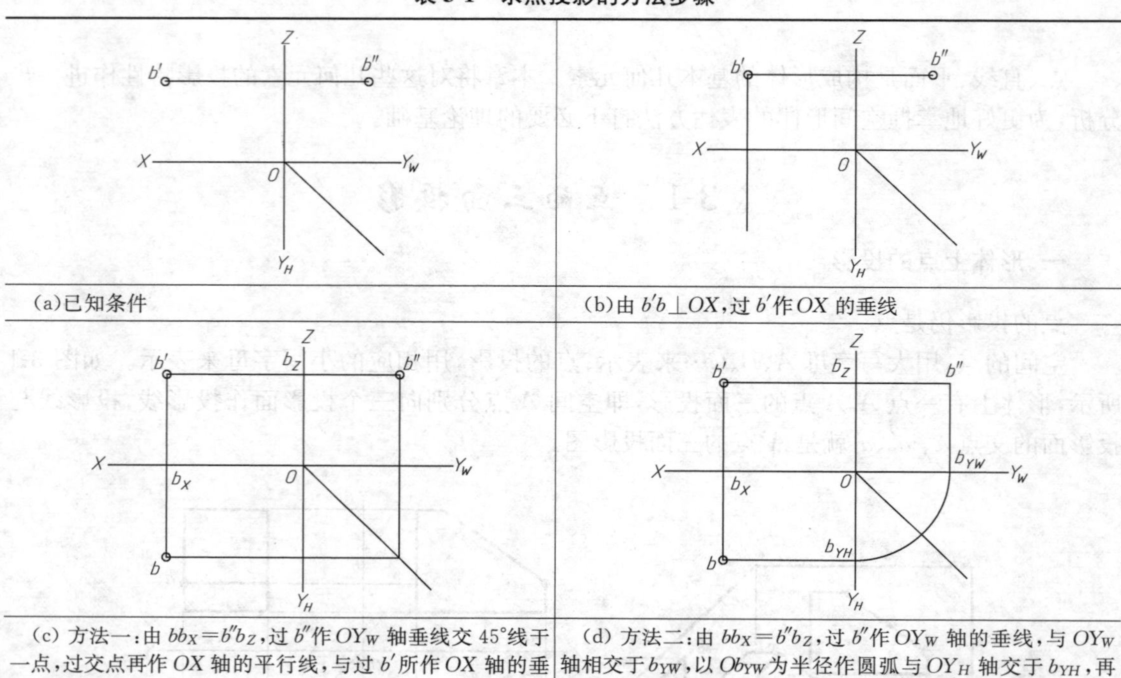

(a)已知条件	(b)由 $b'b \perp OX$，过 b' 作 OX 的垂线
(c) 方法一：由 $bb_X = b''b_Z$，过 b'' 作 OY_W 轴垂线交 45°线于一点，过交点再作 OX 轴的平行线，与过 b' 所作 OX 轴的垂线相交即得 b	(d) 方法二：由 $bb_X = b''b_Z$，过 b'' 作 OY_W 轴的垂线，与 OY_W 轴相交于 b_{YW}，以 Ob_{YW} 为半径作圆弧与 OY_H 轴交于 b_{YH}，再过 b_{YH} 作 OX 轴的平行线，与过 b' 所作 OX 轴垂线相交即得 b

三、点的空间坐标

若将图 3-1 中的 A 点从形体中分离出来，可得到图 3-2(a)所示图形。图 3-2(b)是 A 点的三面投影。

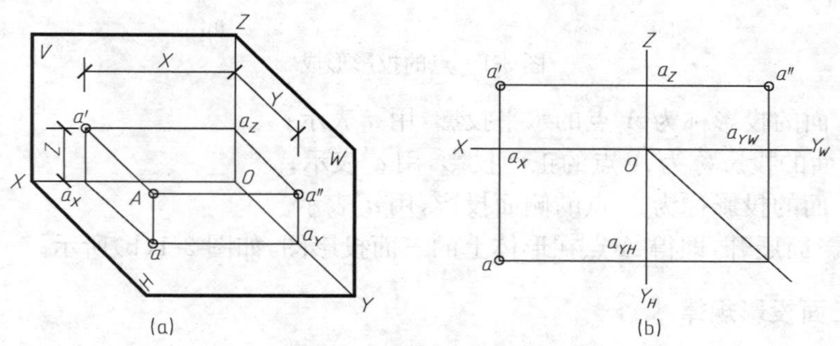

图 3-2 点的空间坐标

A 点的空间位置可以用空间坐标来表示，书写成 $A(X,Y,Z)$ 的形式。

［ 例 3-2］ 求作点 $C(10,15,20)$ 的三面投影。

作图：根据点的空间坐标知：$X=10$，$Y=15$，$Z=20$，其作图方法步骤如表 3-2 所示。

表 3-2　已知点的空间坐标，求点三面投影的方法

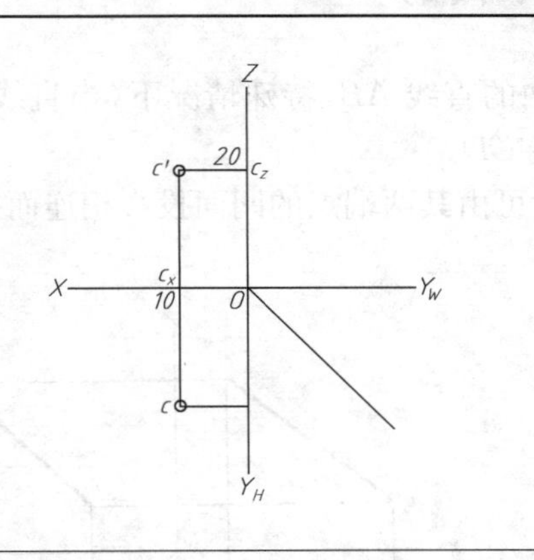	
(a)画投影轴，在 OX 轴上量得 $Oc_X=10$ mm，得 X 值，过 c_X 作 OX 轴的垂线，在该线上从 c_X 向上量取 $Z=20$ mm，得 c'，向下量取 $Y=15$ mm，得 c	(b)根据点的投影规律，由 c 和 c' 求得 c''

四、两点的相对位置

两点的相对位置是指两点间的上下、左右和前后关系，可利用它们在投影图中各组同名投影的坐标值来判断。

如图 3-3 所示是 A、B 两点的投影图，判断两点的相对位置可依据以下原则：

(1)X 坐标确定点在投影面中的左右位置；

(2)Y 坐标确定点在投影面中的前后位置；

(3)Z 坐标确定点在投影面中的上下位置。

由图 3-3 知：

$X_A>X_B$，则 A 点在 B 点之左；

$Y_A<Y_B$，则 A 点在 B 点之后；

$Z_A>Z_B$，则 A 点在 B 点之上。

总起来说，空间 A 点在 B 点的左、后、上方。

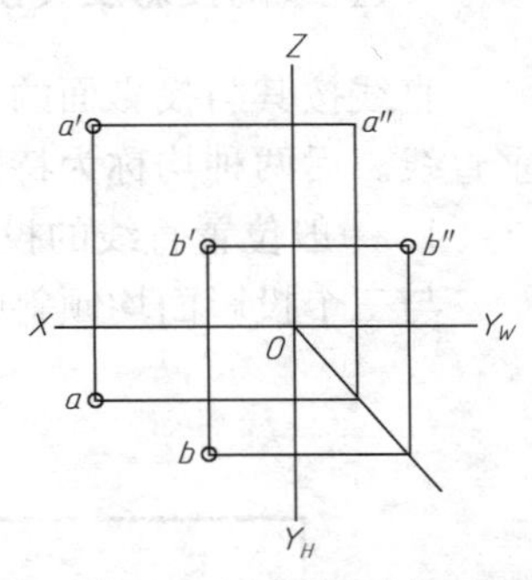

图 3-3 两点的相对位置

若空间两点位于某一投影面的同一条投影线上，则它们在该投影面上的投影必然重合，此两点称为对该投影面的重影点。

对于重影点需判断其可见性，要根据其他投影判断它们的位置关系，或根据该两点的坐标来确定，坐标大者为可见，坐标小者为不可见。

如图 3-4 所示，C 点和 D 点的水平投影 c 和 d 重合为一点，所以 C 点和 D 点在 H 面重影。从正面投影或侧面投影可判断，C 点在 D 点之上，$Z_C>Z_D$，故在水平投影中 C 点挡住了 D 点，c 为可见，d 为不可见。凡不可见点的投影符号用圆括号括起来，如图 3-4 所示。

图 3-4　重影点

§3-2 直线的投影

直线的投影一般情况下仍是直线，如图 3-5(a)中的直线 AB，特殊情况下(当直线垂直于投影面时)，其投影积聚成一点，如图 3-5(b)中的直线 CD。

空间两点可以确定一条直线。直线的三面投影，可由其两端点的同面投影相连而得，如图 3-5(c)所示。

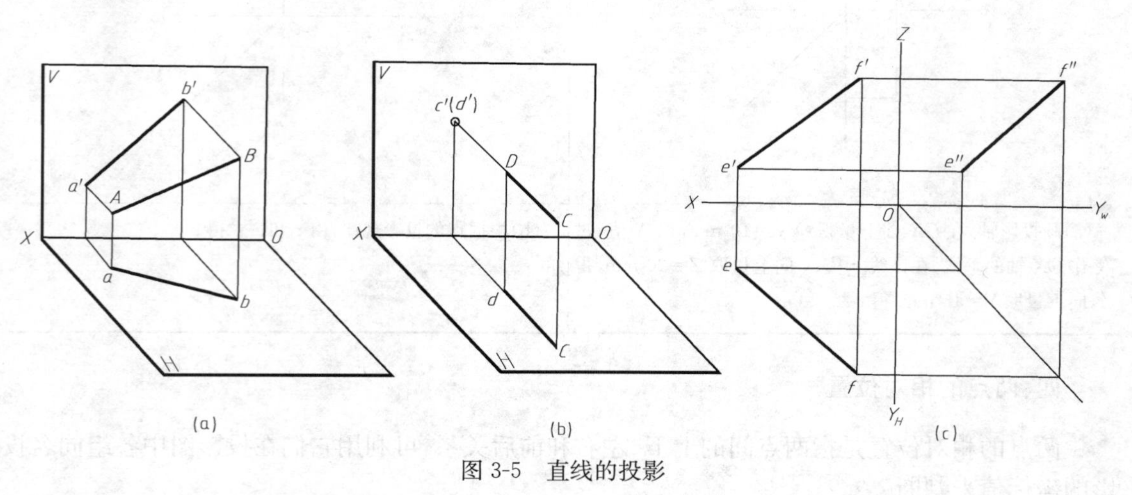

图 3-5　直线的投影

一、直线的投影及其投影特性

直线按其与投影面的相对位置，可分为三种情况：一般位置直线、投影面平行线和投影面垂直线。后两种均称为特殊位置直线。

1. 一般位置直线的投影及其投影特性

与三个投影面均倾斜的直线，称为一般位置直线，如图 3-6 所示。

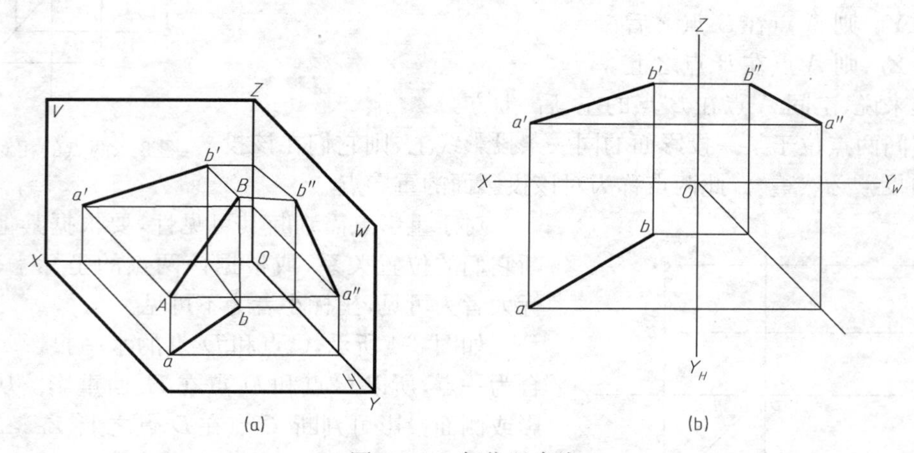

图 3-6　一般位置直线

一般位置直线的投影特性如下：

(1) 三面投影均与投影轴倾斜；

(2) 各投影的长度小于空间直线(AB)的实际长度。

[例 3-3]　根据直线 EF 的两面投影[图 3-7(a)],求作第三面投影。

作图:根据已知条件作第三面投影,见图 3-7(b)。

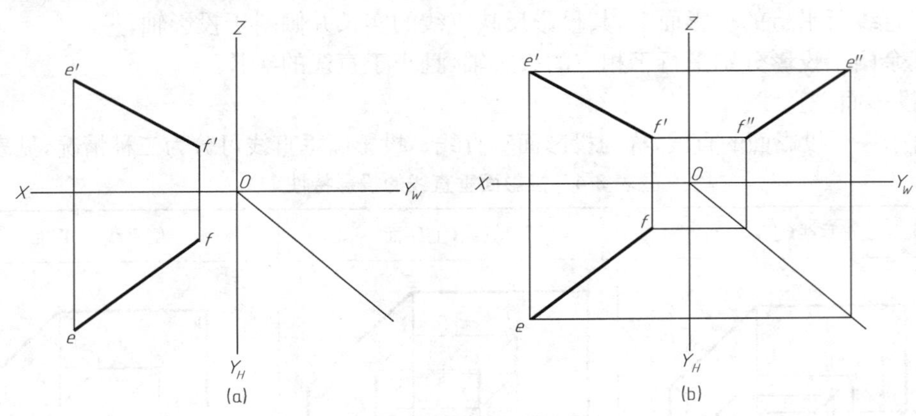

图 3-7　求直线的投影

(a)已知直线 EF 的两面投影 $e'f'$、ef;　(b)根据 e、e' 求出 e'',根据 f、f' 求出 f'',连线 $e''f''$。

2. 特殊位置直线的投影及其投影特性

(1)投影面平行线

平行于一个投影面而倾斜于另两个投影面的直线,称为投影面平行线。投影面平行线可分为三种情况,见表 3-3。

表 3-3　投影面平行线的投影特性

	正平线(//V 面)	水平线(//H 面)	侧平线(//W 面)
立体图			
投影图			
投影特性	①$a'b'$ 反映实长,即 $a'b'=AB$; ②ab//OX 轴,$a''b''$//OZ 轴	①cd 反映实长,即 $cd=CD$; ②$c'd'$//OX 轴,$c''d''$//OY_W 轴	①$e''f''$ 反映实长,即 $e''f''=EF$; ②$e'f'$//OZ 轴,ef//OY_H 轴

正面平行线(简称正平线)——平行于 V 面,倾斜于 H、W 面。

水平面平行线(简称水平线)——平行于 H 面,倾斜于 V、W 面。

侧面平行面(简称侧平线)——平行于 W 面,倾斜于 V、H 面。

投影面平行线的投影特性如下：

①在直线所平行的投影面上,其投影反映直线的实长并倾斜于投影轴；

②其余两个投影分别平行于相应的投影轴,且小于直线的实长。

(2)投影面垂直线

垂直于一个投影面的直线,称为投影面垂直线。投影面垂直线可分为三种情况,见表 3-4。

表 3-4　投影面垂直线的投影特性

	正垂线(⊥V 面)	铅垂线(⊥H 面)	侧垂线(⊥W 面)
立体图	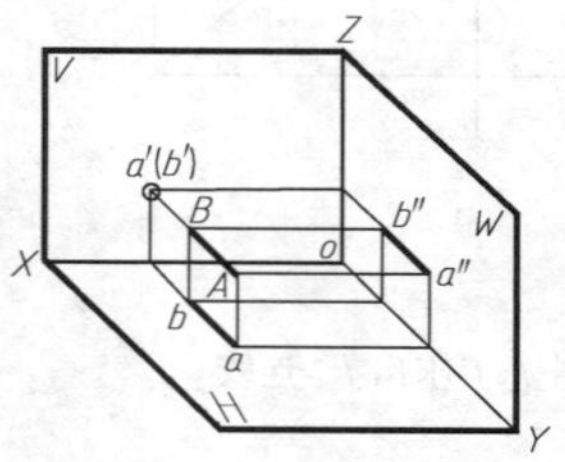	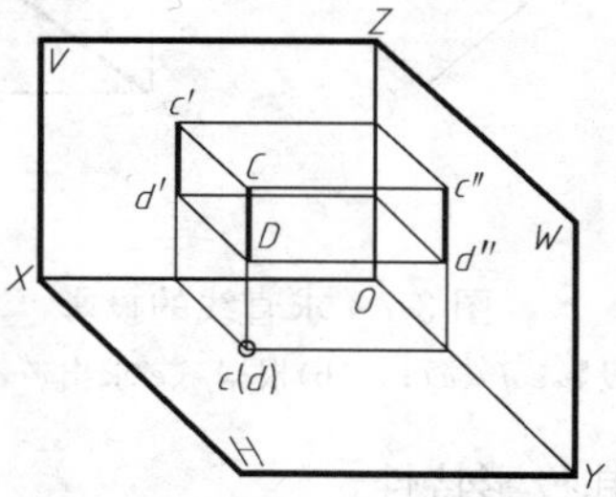	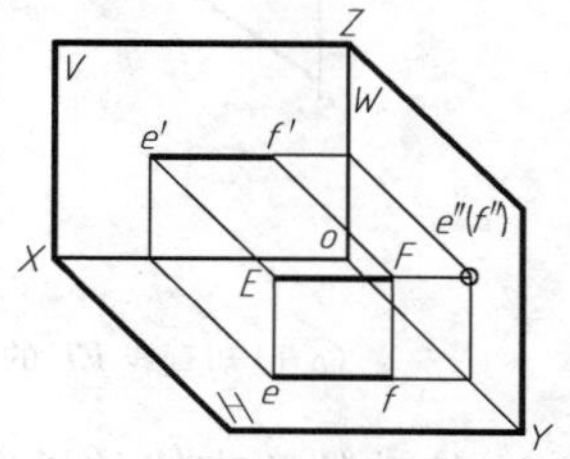
投影图	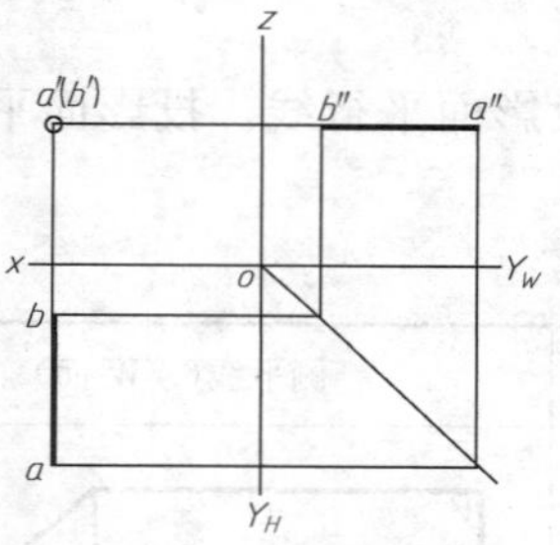	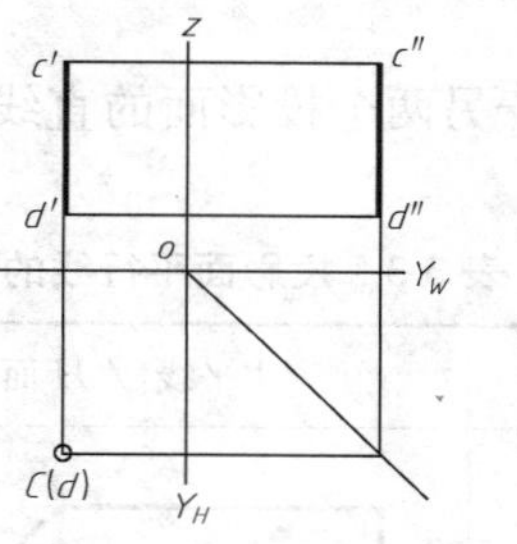	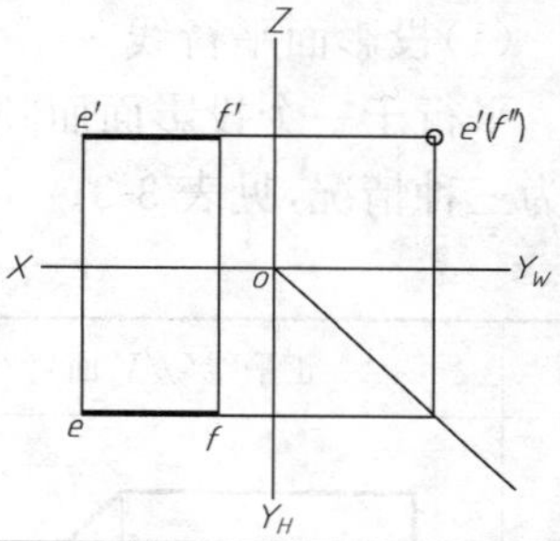
投影特性	①$a'(b')$积聚成一点； ②$ab \perp OX$ 轴,$a''b'' \perp OZ$ 轴； ③$ab = a''b''$=实长 AB	①$c(d)$积聚成一点； ②$c'd' \perp OX$ 轴,$c''d'' \perp OY_W$ 轴； ③ $c'd' = c''d''$=实长 CD	①$e''(f'')$积聚成一点； ②$e'f' \perp OZ$ 轴,$ef \perp OY_H$ 轴 ③ $e'f' = ef$=实长 EF

正面垂直线(简称正垂线)——垂直于 V 面,平行于 H、W 面。

水平面垂直线(简称铅垂线)——垂直于 H 面,平行于 V、W 面。

侧面垂直线(简称侧垂线)——垂直于 W 面,平行于 H、V 面。

投影面垂直线的投影特性如下：

①在直线所垂直的投影面上,其投影积聚成一点；

②其他投影反映空间线段实长,且垂直于相应的投影轴。

二、直线上点的投影

点在直线上的投影特性：

1. 点在直线上,其各面投影必在直线的同面投影上,且符合点的投影规律,如图 3-8 所示,M 点在 AB 直线上,则 M 点的投影 m 必在 ab 上,m'必在 $a'b'$ 上。

反之,如果点的各面投影均在直线的同面投影上,且符合点的投影规律,则该点在该直线上。在图 3-8 中,m 在 ab 上,m'在 $a'b'$ 上,所以空间 M 点在直线 AB 上;n 在 ab 上,n'不在 $a'b'$

上，所以空间点 N 不在直线 AB 上。

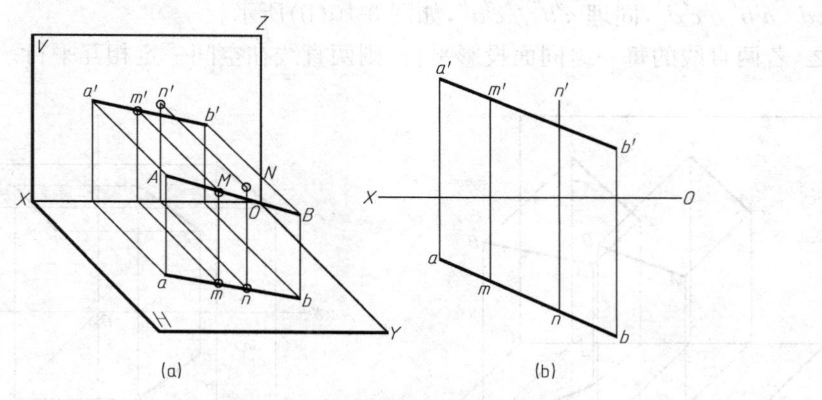

图 3-8　点在或不在直线上

2. 点分线段成定比。直线上的点，把直线分成两线段，则两线段长度之比等于它们相应的投影长度之比，这种投影性质称为定比性。

在图 3-8 中，点 M 分空间线段 AB 为 AM 和 MB 两段，则 m 也必将 ab 分为 am、mb 两段，因 $Aa /\!/ Mm /\!/ Bb$，所以 $AM : MB = am : mb$。同理可得：$AM : MB = a'm' : m'b'$，即 $a'm' : m'b' = am : mb$。

[例 3-4]　已知线段 EF 的投影 ef 和 $e'f'$，求作线段 EF 上一点 M 的投影，使 $EM : MF = 2 : 3$，如图 3-9(a)所示。

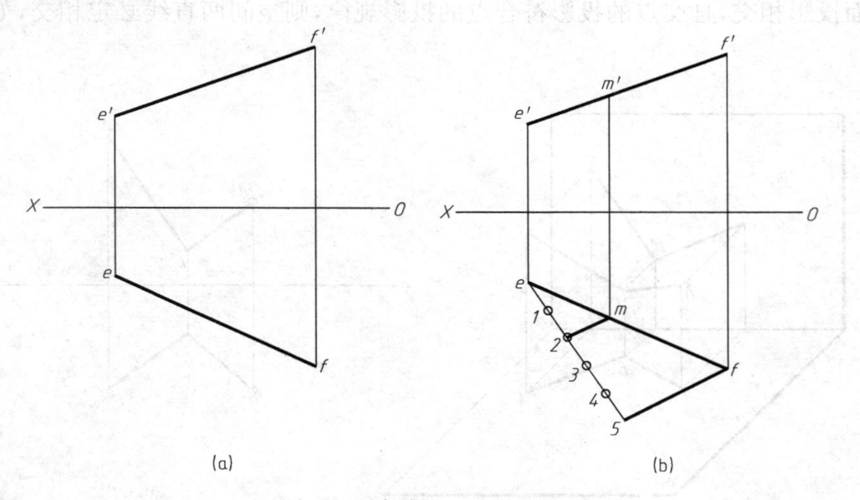

图 3-9　求线段上点的投影

作图：如图 3-9(b)所示。

(1)过点 e 作任一直线，在直线上任意截取五个长度相等的线段(如标号 1,2,3,4,5)；

(2)连点 5 和 f，过点 2 作 $m2 /\!/ f5$ 与 ef 交于 m；

(3)过 m 作 OX 轴的垂线交 $e'f'$ 于 m'，m、m' 即是点 M 的两面投影。

三、两直线的相对位置

两条直线的相对位置有三种情况：平行、相交和交叉。

1. 两直线平行

空间两直线相互平行，则它们的各组同面投影也相互平行。如图 3-10(a)所示，$AB /\!/ CD$，则 $ab /\!/ cd$，$a'b' /\!/ c'd'$，同理 $a''b'' /\!/ c''d''$，如图 3-10(b)所示。

反之，若两直线的每一组同面投影平行，则两直线在空间一定相互平行。

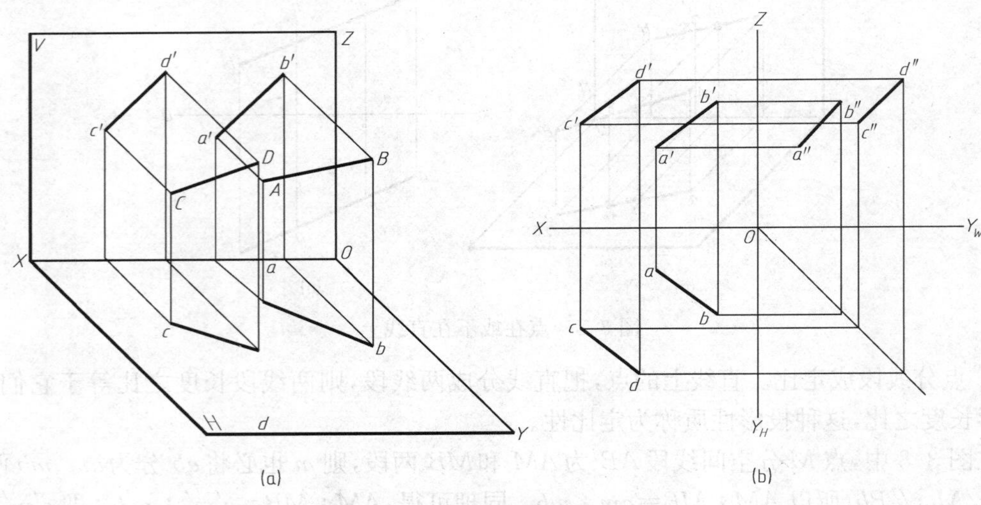

图 3-10　两直线平行

2. 两直线相交

空间两直线相交，则它们的同面投影也相交，且交点的投影符合点的投影规律。反之，若直线的同面投影相交，且交点的投影符合点的投影规律，则空间两直线必定相交，如图 3-11 所示。

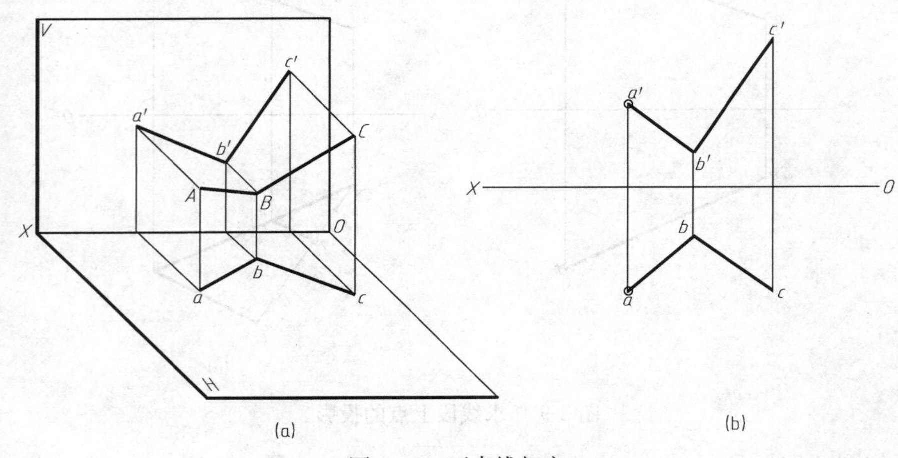

图 3-11　两直线相交

3. 两直线交叉

空间两直线既不平行也不相交，称为两直线交叉。交叉两直线的三面投影若有交点，交点是重影点。如图 3-12 所示为交叉两直线 AB、CD 的两面投影图。虽然 AB、CD 的同面投影都相交，但正面投影上的交点和水平投影上的交点之间连线不符合点的投影规律。交点 1′(2′)是点 1、点 2 的重影点。交点 3(4)是点 3′、点 4′重影点。

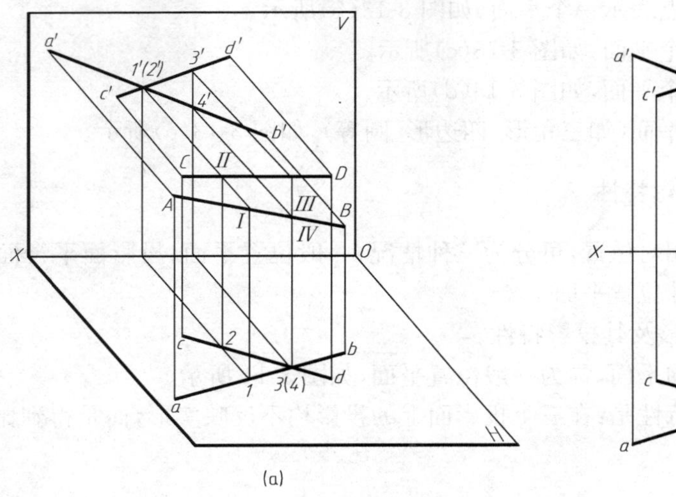

图 3-12　两直线交叉

§3-3　平面的投影

平面的投影，一般情况下仍为平面图形。

一、平面的表示法

一个平面通常可有下列五种方法表示，如图 3-13 所示。

1. 不在同一直线上的三点表示一个平面，如图 3-13(a)所示。

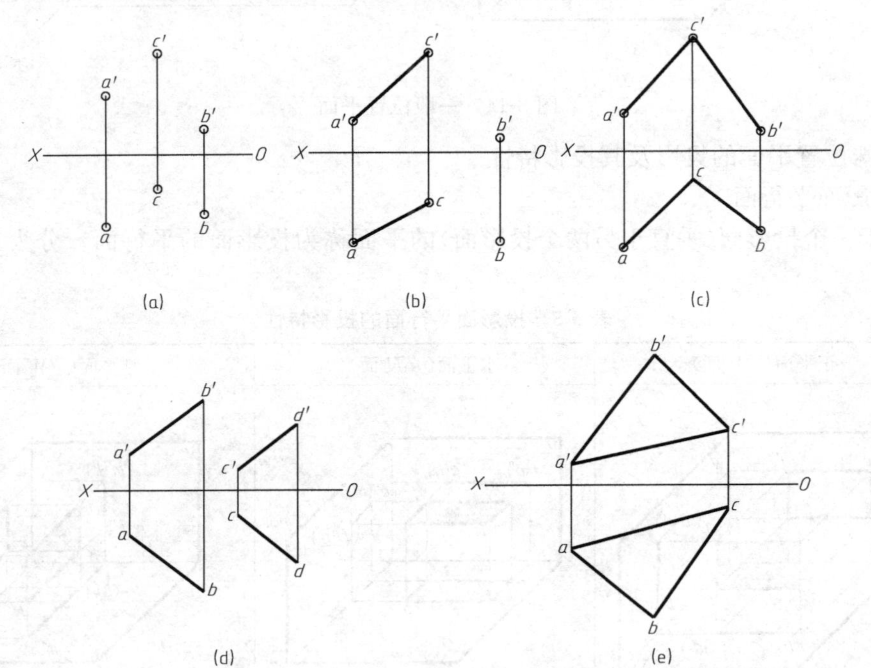

图 3-13　平面的表示法

2. 一直线和直线外一点表示一个平面，如图 3-13(b)所示。

3. 两相交直线表示一个平面，如图 3-13(c)所示。

4. 两平行直线表示一个平面，如图 3-13(d)所示。

5. 平面图形表示一个平面(如三角形、四边形、圆等)，如图 3-13(e)所示。

二、平面的投影及其投影特性

平面按其与投影面的相对位置，可分为三种情况：一般位置平面、投影面平行面和投影面垂直面。后两种均称为特殊位置平面。

1. 一般位置平面的投影及其投影特性

与三个投影面均倾斜的平面，称为一般位置平面，如图 3-14 所示。

一般位置平面的投影特性是：在三个投影面上的投影均不反映实形，而是得到比实形小的类似形。

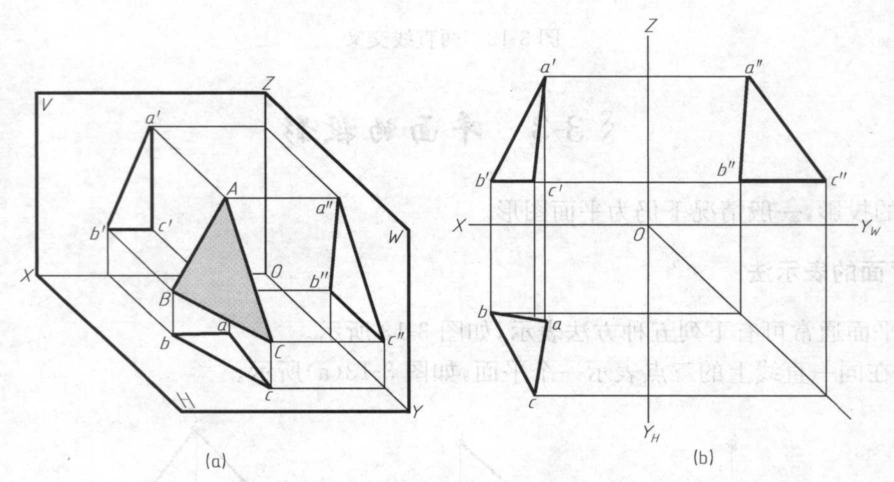

图 3-14 一般位置平面

2. 特殊位置平面的投影及其投影特性

(1)投影面平行面

平行于一个投影面(垂直于另两个投影面)的平面称为投影面的平行面。分为三种情况，见表 3-5。

表 3-5 投影面平行面的投影特性

	正平面(//V 面)	水平面(//H 面)	侧平面(//W 面)
立体图			

续上表

	正平面(//V 面)	水平面(//H 面)	侧平面(//W 面)
投影图			
投影特性	①V 面投影反映实形；②H 面投影积聚为一直线，且// OX 轴；③W 面投影积聚为一直线，且// OZ 轴	①H 面投影反映实形；②V 面投影积聚为一直线，且// OX 轴；③W 面投影积聚为一直线，且// OY 轴	①W 面投影反映实形；②H 面投影积聚为一直线，且// OY 轴；③V 面投影积聚为一直线，且// OZ 轴

①正面平行面(简称正平面)——平行于 V 面，垂直于 H、W 面。

②水平面平行面(简称水平面)——平行于 H 面，垂直于 V、W 面。

③侧面平行面(简称侧平面)——平行于 W 面，垂直于 H、V 面。

投影面平行面的投影特性：

①在平面所平行的投影面上，其投影反映实形；

②另外两个投影积聚成直线，且分别平行于它所平行的投影面的两投影轴。

(2)投影面垂直面

垂直于一个投影面而倾斜于另两个投影面的平面称为投影面的垂直面。分为三种情况，见表 3-6 所示。

①正面垂直面(简称正垂面)——垂直于 V 面，倾斜于 H、W 面。

②水平面垂直面(简称铅垂面)——垂直于 H 面，倾斜于 V、W 面。

③侧面垂直面(简称侧垂面)——垂直于 W 面，倾斜于 V、H 面。

投影面垂直面的投影特性：

①在平面所垂直的投影面上，其投影积聚成一倾斜直线；

②另外两个投影均为比实形小的类似形。

表 3-6　投影面垂直面的投影特性

	正垂面(⊥V 面)	铅垂面(⊥H 面)	侧垂面(⊥W 面)

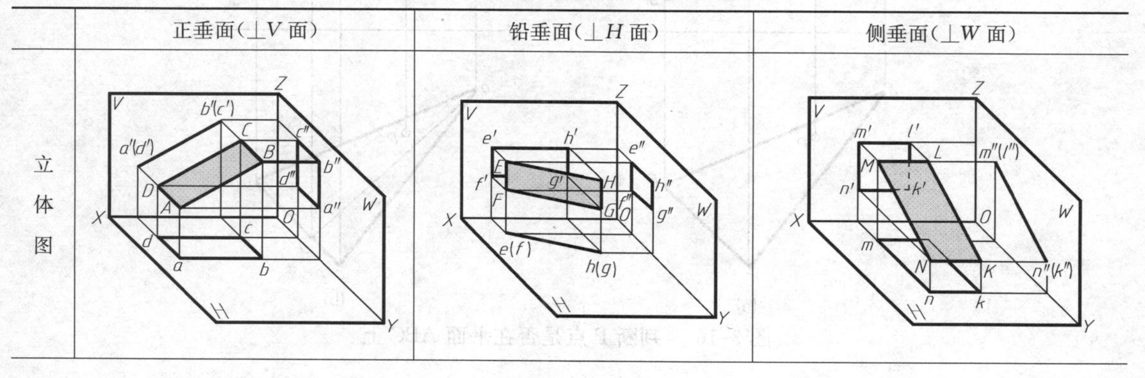

续上表

	正垂面(⊥V面)	铅垂面(⊥H面)	侧垂面(⊥W面)
投影图			
投影特性	①V面投影积聚为一直线； ②H、W面投影为缩小的类似形	①H面投影积聚为一直线； ②V、W面投影为缩小的类似形	①W面投影积聚为一直线； ②H、V面投影为缩小的类似形

二、平面上的点和直线

1. 平面上的点

点在平面上的几何条件：点在平面内任一直线上，则该点必在该平面上，如图 3-15 所示。图中 M 点在平面 ABC 内的直线 AB 上，则 M 点必在该平面 ABC 上。

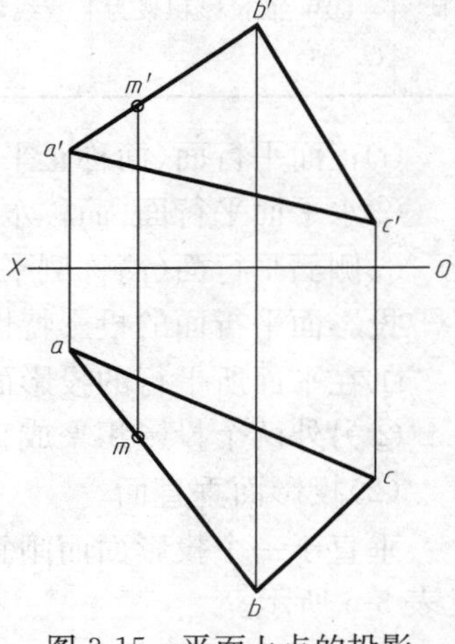

图 3-15 平面上点的投影

［例 3-5］ 判断点 P 是否在平面 ABC 上，如图 3-16(a)所示。

如果点 P 在平面 ABC 上，则点 P 必在平面 ABC 内的任一直线上，若此直线存在，则点 P 就在平面 ABC 上；反之，不在平面 ABC 上。

作图：

(1)过 V 面投影 a' 和 P' 作一直线交 $b'c'$ 于 d'；

(2)过 d' 作 OX 轴的垂线，交 bc 于点 d，连 ad，则 AD 是平面 ABC 上的直线；

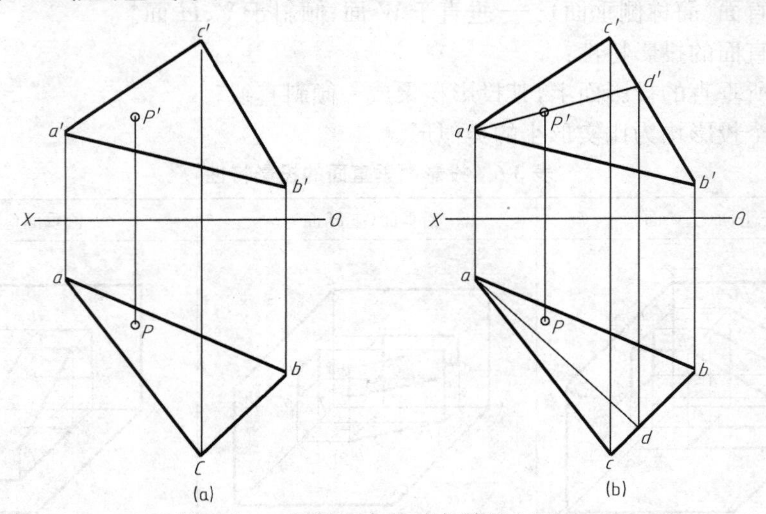

图 3-16 判断 P 点是否在平面 ABC 上

(3)p 不在 ad 上，所以点 P 不是平面 ABC 上的点，如图 3-16(b)所示。

2. 平面上的直线

直线在平面上的几何条件：

(1)直线经过平面上的两点，则此直线在该平面上。如图 3-17(a)所示，在平面 ABC 内，点 M 在 AB 上，点 N 在 AC 上，则直线 MN 在平面 ABC 上。

(2)直线经过平面上一点，且平行于该平面上的另一直线，则此直线必在该平面上。如图 3-17(b)所示，点 E 在平面 ABC 上的直线 BC 上，过点 E 作直线 EF 平行于 AB，则直线 EF 在平面 ABC 上。

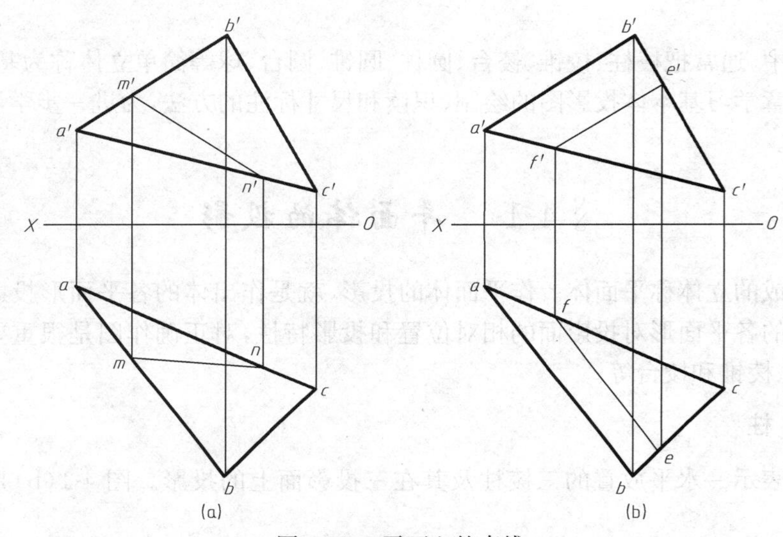

图 3-17　平面上的直线

1. 点、直线、平面的正投影规律是什么？

2. 点的空间坐标是如何定义的？它们在三面投影图中如何表示？

3. 特殊位置点的空间坐标和三面投影图有何特点？

4. 什么叫重影点？重影点的空间坐标有何特点？其可见性如何判断？

5. 直线上的点有何投影特性？点在线上的几何条件是什么？

6. 空间直线的相互位置关系如何？它们的投影特征是什么？

7. 点和直线在平面上的几何条件是什么？

8. 直线与平面、平面与平面相交，其交点和交线如何确定？且重影部分的可见性如何判断？

第四章 基本体的投影

工程制图中，通常把棱柱、棱锥、棱台、圆柱、圆锥、圆台、球等简单立体称为基本几何体，简称基本体。本章学习基本体投影图的绘制、识读和尺寸标注的方法，为进一步学习工程图样打下重要的基础。

§4-1 平面体的投影

由平面围成的立体称平面体。作平面体的投影，就是作出体的各平面形投影。因此分析组成立体表面的各平面形对投影面的相对位置和投影特性，对正确作图是很重要的。常见的平面体有棱柱、棱锥和棱台等。

一、棱　　柱

图 4-1(a)表示一水平放置的三棱柱及其在三投影面上的投影。图 4-1(b)是它的三面投影图。

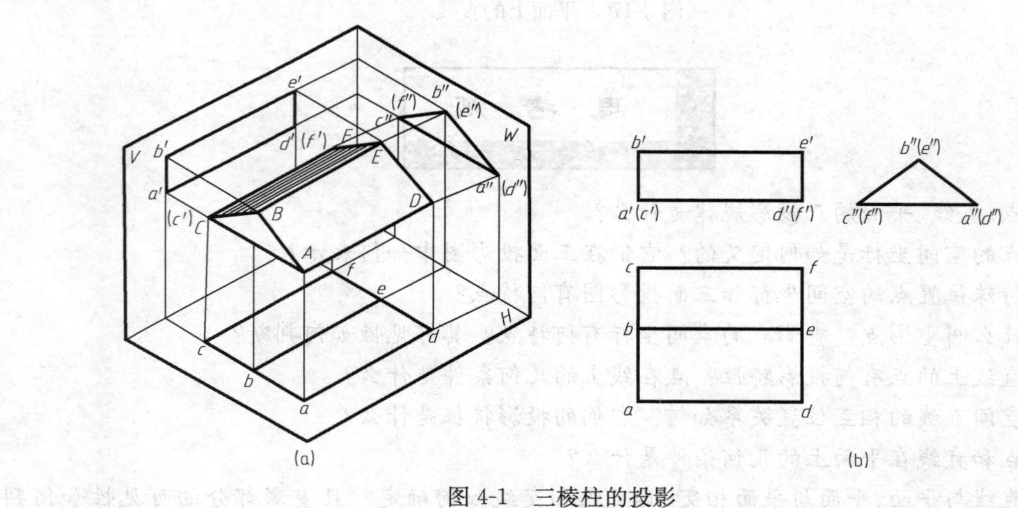

图 4-1　三棱柱的投影

三棱柱的下棱面 $ADFC$ 是水平面，所以其水平投影 $adfc$ 反映实形，其正面投影和侧面投影分别积聚成一条水平线。

三棱柱的前后两棱面四边形 $ADEB$ 和 $CFEB$ 是侧垂面，所以它们的水平投影 $adeb$ 和 $cfeb$ 仍是矩形，它们的正面投影 $a'd'e'b'$ 和 $c'f'e'b'$ 相重合，它们的侧面投影分别积聚成倾斜的直线段。

三棱柱两底面 ΔABC 和 ΔDEF 为侧平面，所以它们的侧面投影反映实形，另外两投影分别积聚成直线段。

二、棱　锥

图 4-2(a)表示一个三棱锥及其在三投影面上的投影,图 4-2(b)是它的三面投影图。

三棱锥的底面平行于 H 面,所以它的水平投影 abc 反映实形,其他两投影有积聚性,均成为水平线段;后面的棱面 ΔSAC 为侧垂面,所以侧面投影 $s''a''c''$ 积聚成一段倾斜的线段,正面投影和水平投影具有类似性,都是三角形;左、右两个棱面都是一般位置平面,所以它们的三个投影都是三角形,它们的侧面投影 $s''a''b''$ 与 $s''b''c''$ 彼此重合。

注意:要正确画出各点的相对位置,如 S 点和 A 点,它们的水平投影与侧面投影在 y 方向上的相对坐标应该相等,见图 4-2(b)。

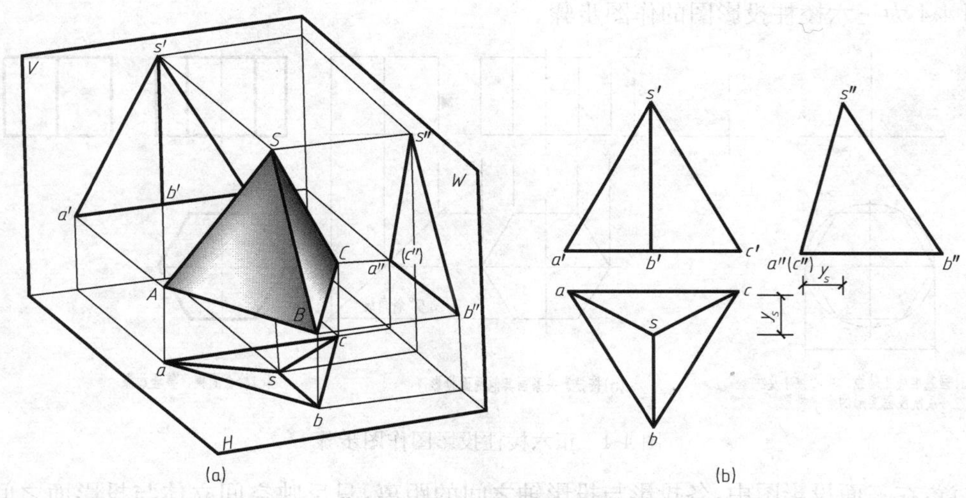

图 4-2　三棱锥的投影

三、棱　台

棱台是棱锥被平行于其底面的平面截切而形成的。

图 4-3(a)表示一个四棱台及其在三投影面上的投影,图 4-3(b)是它的三面投影图。

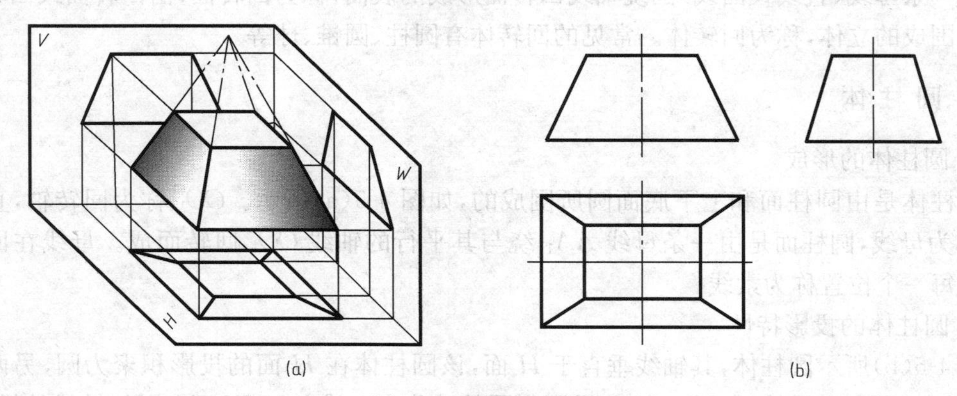

图 4-3　四棱台的投影

四棱台的上、下底面是水平面,前、后两个棱面是侧垂面,左、右两个棱面是正垂面。它的四条侧棱为一般位置直线。根据线、面的投影特点，读者可自己分析出它们各自的三面投影。

四、平面体投影图的画法

画平面体的投影，就是画出构成平面体的侧面（平面）、侧棱（直线），角点（点）的投影。

画平面投影图的一般步骤如下：

(1)研究平面体的几何特征，确定正面投影方向，通常将体的表面尽量平行投影面；

(2)分析该体三面投影的特点；

(3)布图（定位），画出中心线或基准线；

(4)先画出反映形体底面实形的投影，再根据投影关系作出其他投影；

(5)检查、整理加深投影线，标注尺寸。

图4-4为正六棱柱投影图的作图步骤。

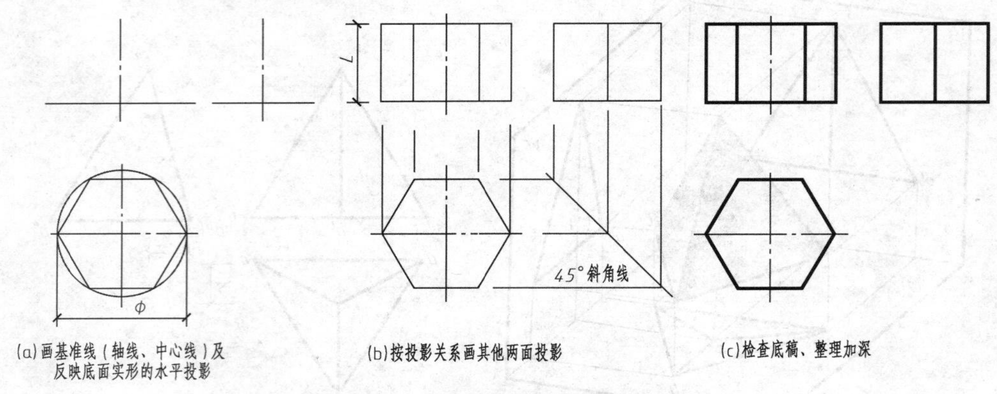

图4-4 正六棱柱投影图作图步骤

注意：在三面投影图中，各投影与投影轴之间的距离，只反映空间立体与投影面之间的距离，并不影响立体形状的表达。因此，在画体的投影图时，投影轴可省去不画。

§4-2 回转体的投影

由一条母线（直线或曲线）围绕轴线回转而形成的表面，称为回转面；由回转面或回转面与平面所围成的立体，称为回转体。常见的回转体有圆柱、圆锥、球等。

一、圆柱体

1. 圆柱体的形成

圆柱体是由圆柱面和上下底面圆所围成的，如图4-5(a)所示。OO_1 称为回转轴，直线段 AA_1 称为母线，圆柱面是由一条母线 AA_1 绕与其平行的轴线 OO_1 回转而成。母线在回转过程中的每一个位置称为素线。

2. 圆柱体的投影特性

图4-5(b)所示圆柱体，其轴线垂直于 H 面，该圆柱体在 H 面的投影积聚为圆，另两投影为相同的矩形。画图时，先画出 H 面投影中圆的对称中心线和 V、W 面上圆柱轴线的投影，然后画出水平投影的圆，最后根据圆柱的直径及高度作出 V、W 面投影的矩形，如图4-5(c)所示。

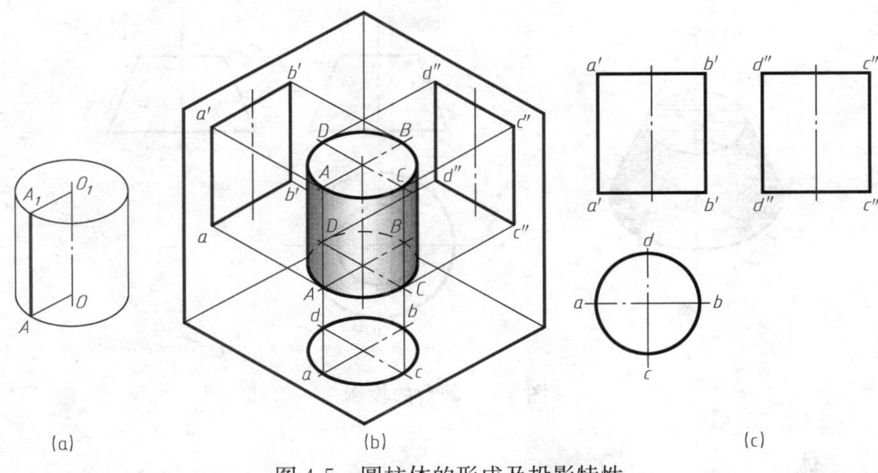

图 4-5　圆柱体的形成及投影特性

二、圆 锥 体

1. 圆锥体的形成

圆锥体是由圆锥面及一底面圆所围成的，如图 4-6(a)所示。圆锥面是一直线段 SA(母线)绕与其相交的轴线 SO 回转形成的，圆锥体上的所有素线都相交于锥顶 S。

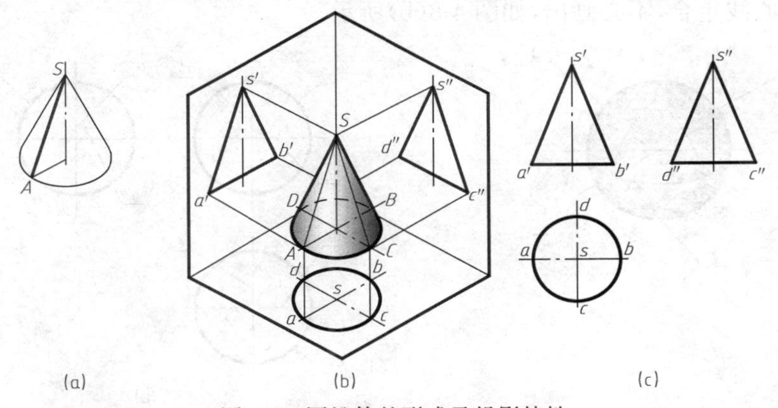

图 4-6　圆锥体的形成及投影特性

2. 圆锥体的投影特性

圆锥体是由圆锥面及锥底面围成的，圆锥面的三个投影都没有积聚性，在轴线所垂直的投影面上的投影为圆，其他两投影为相同的等腰三角形，图 4-6(b)为轴线垂直于 H 面的圆锥的三面投影图。画图时先画出中心线与轴线，其次画出投影为圆的 H 面投影，然后根据圆锥体的高度，作出其余两投影图。

三、圆　　台

圆锥被垂直于轴线的平面截去锥顶部分，剩余部分称圆台，其上下底面为半径不同的圆面，如图 4-7 所示。

圆台的投影特征是：与轴线垂直的投影面上的投影为两个同心圆，另外两面的投影为大小相等的等腰梯形。

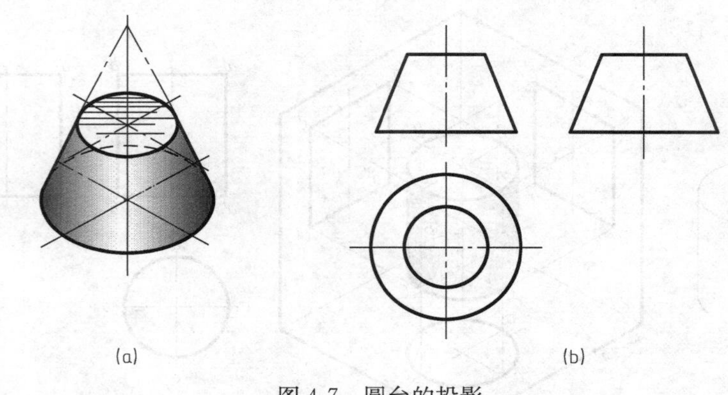

图 4-7 圆台的投影

四、球 体

1. 圆球的形成

如图 4-8(a)所示，圆球是由一圆平面绕其直径回转形成的。

2. 圆球的投影

球的三个投影都是与球直径相等的圆，正面投影圆是前半球和后半球的分界圆，水平投影圆是上半球与下半球的分界圆，侧面投影圆是左半球与右半球的分界圆，这三个圆的其余两投影均与球的中心线重合，不必画出，如图 4-8(b)所示。

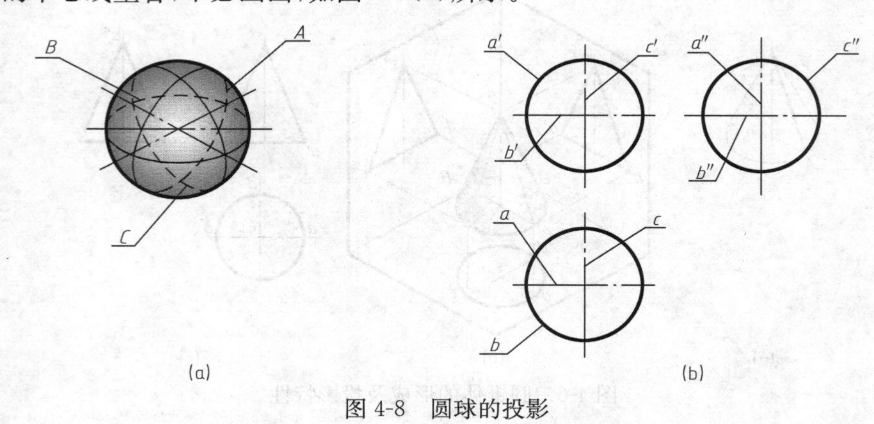

图 4-8 圆球的投影

§4-3 基本体的投影特征及尺寸标注

一、基本体的投影特征

在土建工程中，以上几种基本形体是最常见的，掌握它们的投影特征，对提高画图和识图能力有很大帮助。

二、基本体的尺寸标注

投影图只能表达立体的形状，而其大小需由尺寸来确定。任何一个形体都有长、宽、高三个方向的尺寸，因此基本体应注出决定其底面形状的尺寸和高度尺寸，见表 4-1。

底面尺寸一般注在反映实形的投影上(回转体的底面直径习惯注在非圆的投影上)，高度尺寸应尽量注在反映该尺寸的两投影之间，尺寸要标注齐全、清楚。

表 4-1　常见基本体的投影图

名称	三投影图	需要画的投影图和应注的尺寸	投影特征
正六棱柱	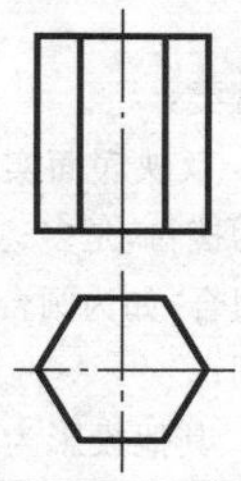	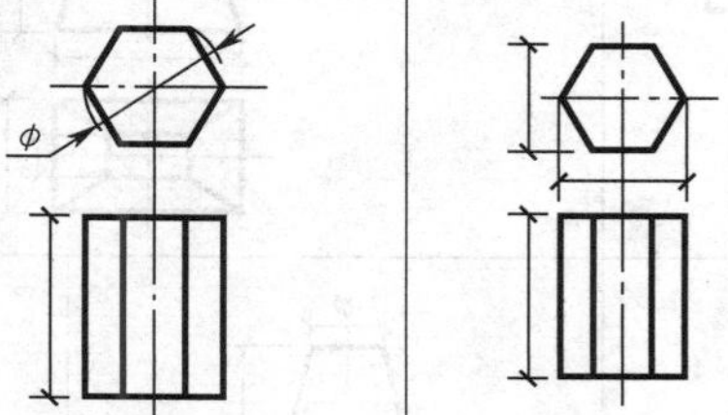	柱类： 1. 反映底面实形的投影为多边形或圆； 2. 其他两投影为矩形或几个并列的矩形
三棱柱	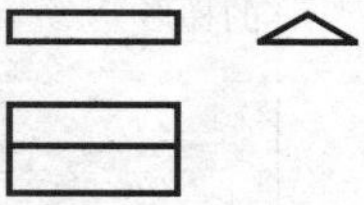	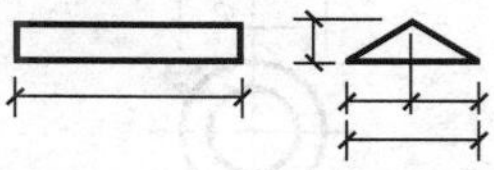	
四棱柱	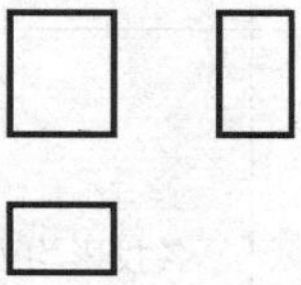	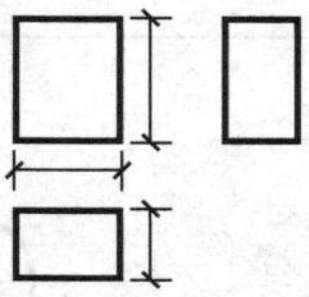	
圆柱	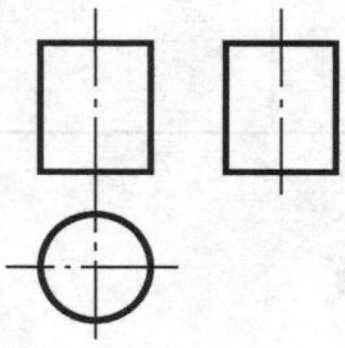	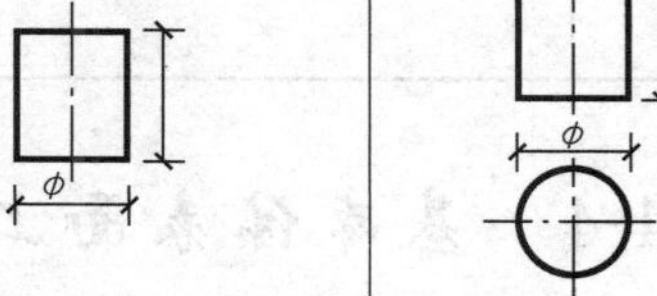	
正三棱锥	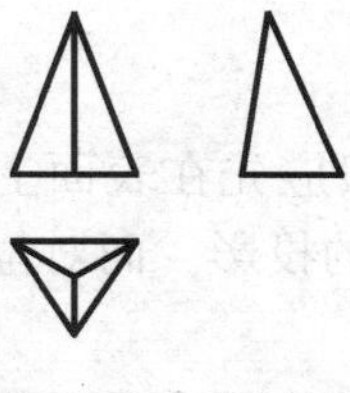	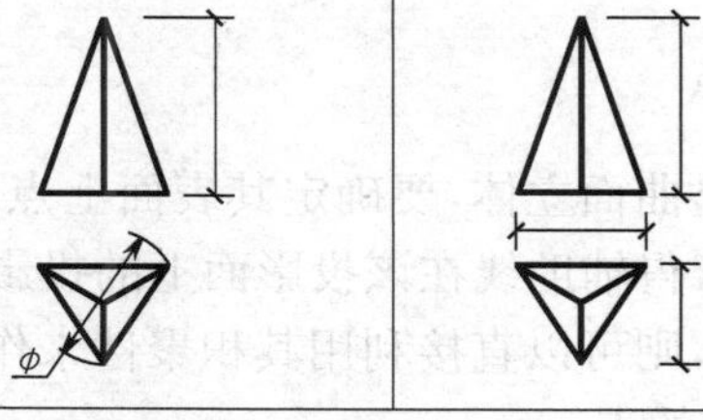	锥类： 1. 反映底面实形的投影为一个划分成若干三角形线框的多边形或圆； 2. 其他投影为三角形或几个并列的三角形
正四棱锥	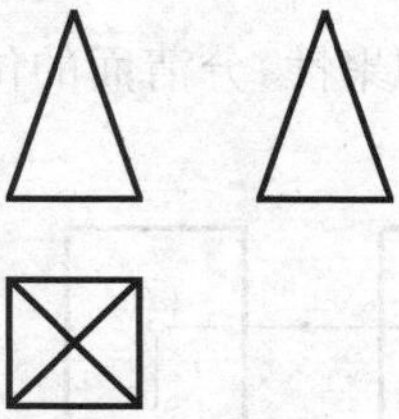	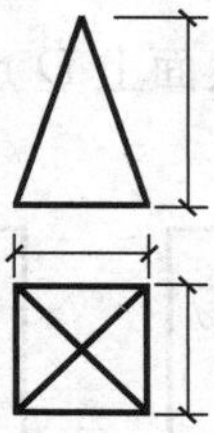	
圆锥	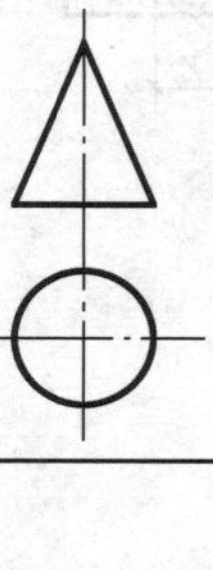	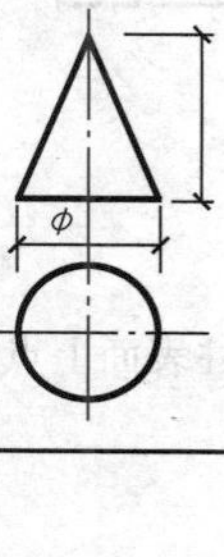	

续上表

名称	三投影图	需要画的投影图和应注的尺寸	投影特征
四棱台			台类： 1. 反映底面实形的投影如为棱台，是多边形和梯形的组合，如为圆台是两个同心圆； 2. 其他投影为梯形并列的梯形
圆台		ϕ ϕ ϕ ϕ	
球		$S\phi$	各投影均为圆

§4-4 基本体表面上的点和线

一、基本体表面上的点

无论是平面立体，还是曲面立体，要确定其表面上点的投影，一般应先在表面上过该点取一辅助线——直线或圆，求得辅助线在该投影面上的投影，再确定点的投影。而对位于立体投影有积聚性的表面上的点，则可以直接利用其积聚性来作图。

1. 有积聚性的表面上的点

如图 4-9 所示，已知三棱柱体的表面上 D 点的正面投影，利用积聚性，分清面的位置，可直接求得点的另外两个投影。

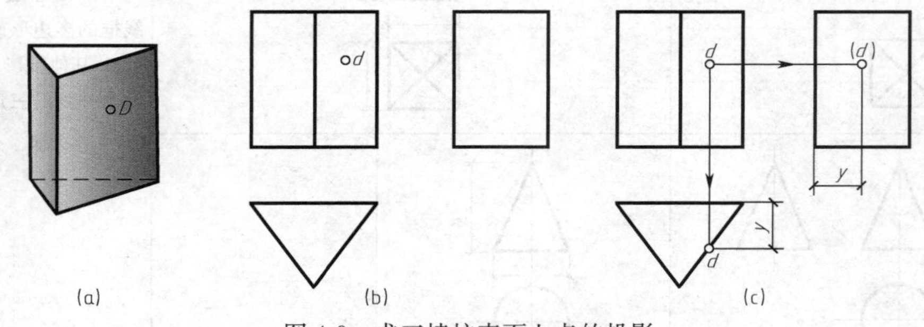

图 4-9 求三棱柱表面上点的投影

2. 一般位置表面上的点

(1)辅助直线法。如图 4-10 所示,已知 M 点的正面投影,求出点的另外两个投影。

作图方法:过 M 作辅助线。

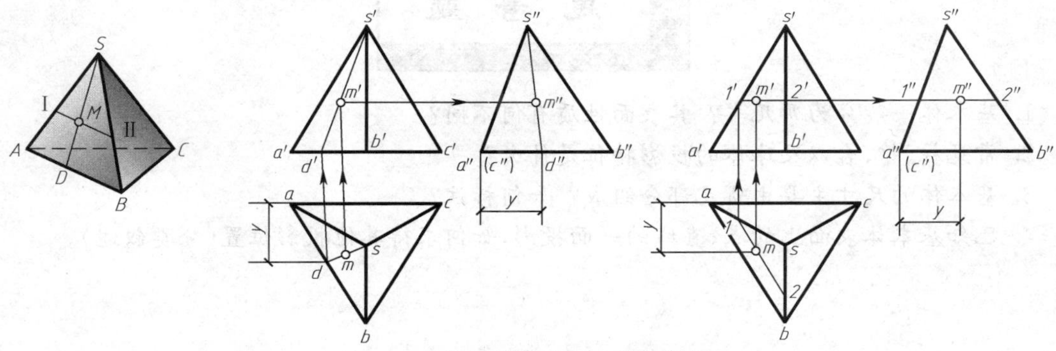

图 4-10　求三棱锥表面上点的投影

(2)辅助圆法。如图 4-11 所示,已知 K 点的正面投影,求出点的另个两个投影。

作图方法:对于回转体表面上的点,可采用辅助圆法(圆锥也可用辅助素线法)求得,即过 K 点作平行于底圆的辅助圆。

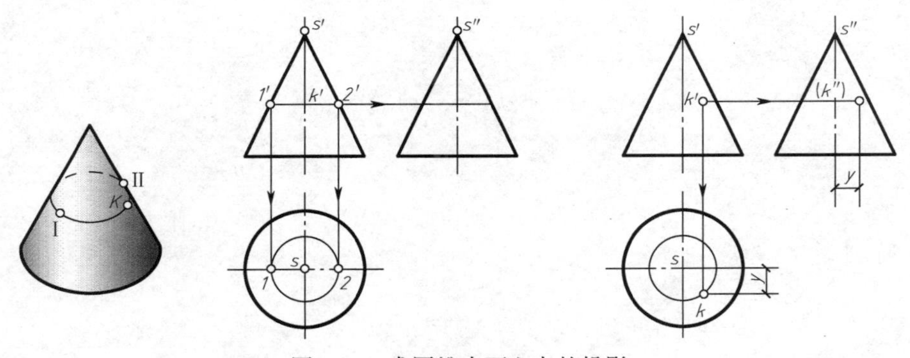

图 4-11　求圆锥表面上点的投影

二、基本体表面上的线

确定基本体表面上线的投影方法:若为直线,只需确定两端点的投影然后相连,如图 4-12(a)所示,已知线 IEF 的正面投影 $i'e'f'$(由于通过棱,因而为折线),利用前述方法求出 e、f 和 e''、f'',将同一平面上的点的投影连接,并判定可见性;若为曲线,则除确定两端点外,尚需确定

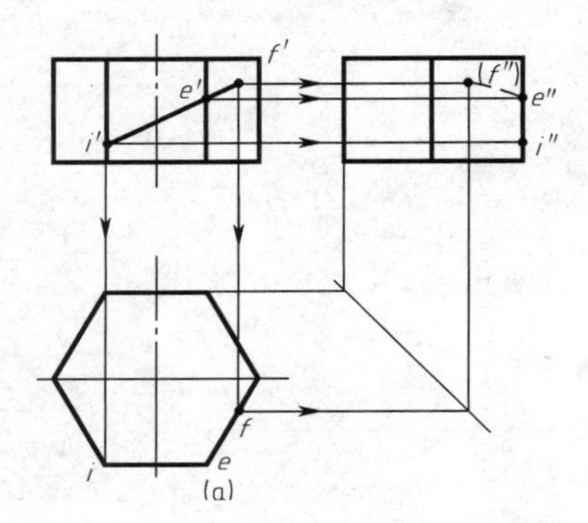

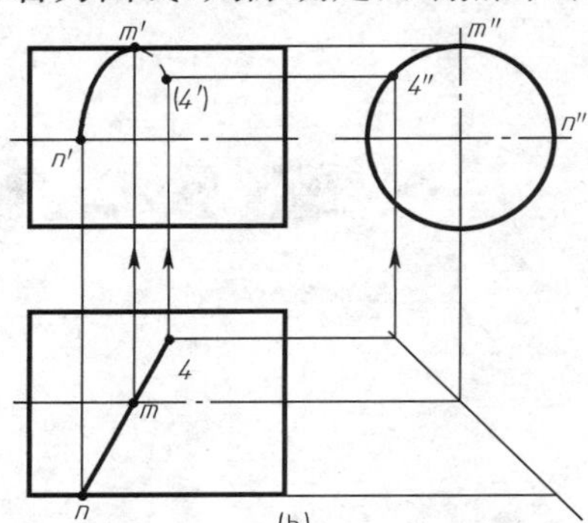

图 4-12　体表面上的线

适量的中间点及可见与不可见分界点的投影，再行连线，如图 4-12(b)所示。

1. 基本体一般分为哪几类？其表面性质有何不同？
2. 常见柱、锥、台以及球体的投影特征是什么？
3. 基本体的尺寸主要由哪几部分组成？如何标注？
4. 已知基本体表面上的点、直线的一面投影，如何求得其他投影位置(分类叙述)。

第五章

组合体的投影

由若干基本体经过叠加、截切、综合等方式构成的立体称为组合体。本章将学习组合体投影图的分析、绘制、识读及尺寸标注等重要内容。

§5-1　截切体的投影

工程上经常遇到立体被平面截切、立体和立体相交的情形。基本体被平面截切后的部分称为截切体。截切基本体的平面称为截平面，基本体被截切后的断面称为截断面，截平面与体表面的交线称为截交线，如图5-1所示。

基本体有平面体与回转体两类，基本体与截平面相对位置不同，其截交线的形状也不同，但任何截交线都具有下列两个性质：

(1)共有性。截交线是截平面与基本体表面的共有线。

(2)封闭性。任何基本体的截交线都是一个封闭的平面图形(平面折线、平面曲线或两者组合)。

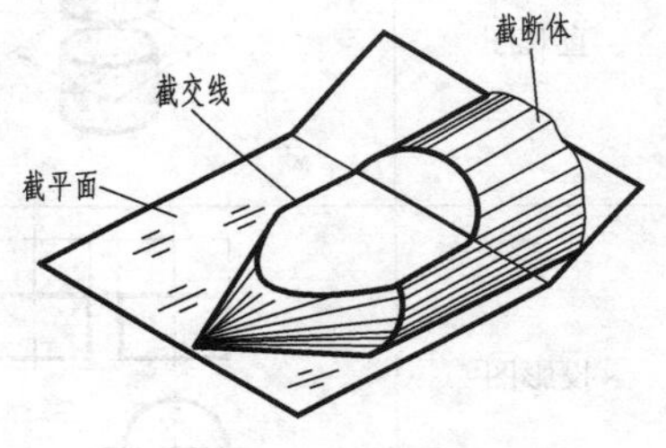

图5-1　截交线的概念

由于截交线是截平面与基本体表面的共有线，截交线上的点，必定是截平面与基本体表面的共有点。所以求截交线的投影，实质就是求截平面与基本体表面的全部共有点的投影集合。

一、平面截切体的投影

平面立体的表面都由平面所组成，所以它的截交线是由直线围成的封闭的平面多边形。多边形的各个顶点是截平面与平面立体的棱线或底边的交点，多边形的每一条边是平面立体表面与截平面的交线。因此，求平面立体的截交线，只要求出截平面与平面立体上各被截棱线或底边的交点，然后依次连接即可。

[**例5-1**]　求正四棱锥斜切后的投影。

如图5-2(a)所示为正四棱锥被正垂面 P 斜切，截交线为四边形，其四个顶点分别是四条侧棱与截平面的交点。所以只要求出截交线四个顶点在各投影面的投影，然后依次将各点的同名投影连线，即得截交线的投影，如图5-2(b)所示。

二、回转截切体的投影

1. 圆柱截切体

根据截平面与圆柱轴线的相对位置不同，平面截切圆柱所得的截交线有三种：矩形、圆、

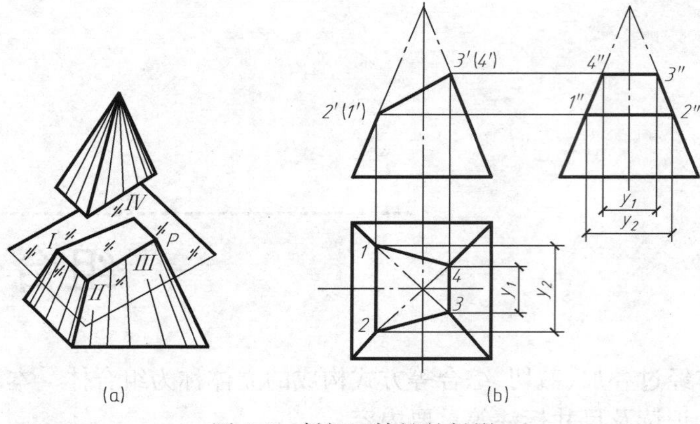

图 5-2 斜切四棱锥的投影

及椭圆，见表 5-1。

表 5-1 圆柱的截切

截平面位置	与轴线垂直	与轴线倾斜	与轴线平行
截交线形状	圆	椭圆	矩形
直观图			
投影图			

［例 5-2］ 求圆柱被正垂面截切后的侧面投影。

如图 5-3(a)所示，圆柱被正垂面斜切，截交线的形状为椭圆，因截平面为正垂面，故截交线正面投影积聚为一直线，截交线的水平投影与圆柱面的水平投影重合为一圆，截交线的侧面投影一般还是椭圆，故只需求出截交线的侧面投影，如图 5-3(b)所示。

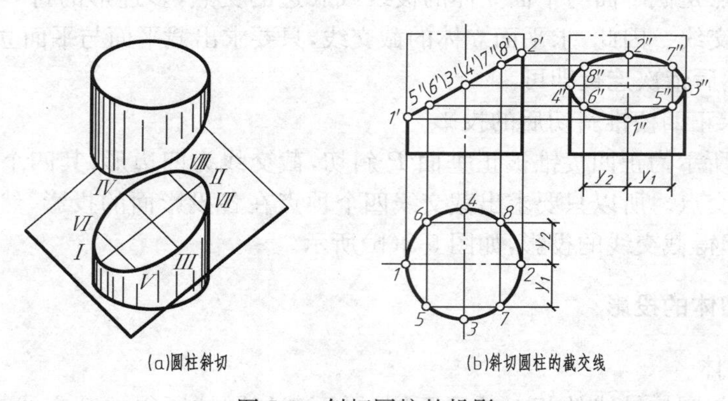

(a)圆柱斜切 (b)斜切圆柱的截交线

图 5-3 斜切圆柱的投影

2. 圆锥截切体

根据截平面与圆锥轴线的相对位置不同，其截交线有五种情况，如表 5-2 所示。

表 5-2　圆锥体的截切

截平面的位置	与轴线垂直	过圆锥顶点	平行于任一素线	与轴线倾斜并与所有素线都相交	平行于轴线
截交线的形状	圆	直素线	抛物线	椭圆	双曲线
轴测图					
投影图					

[例 5-3]　圆锥被一正平面截切，求作截切体的投影，如图 5-4 所示。

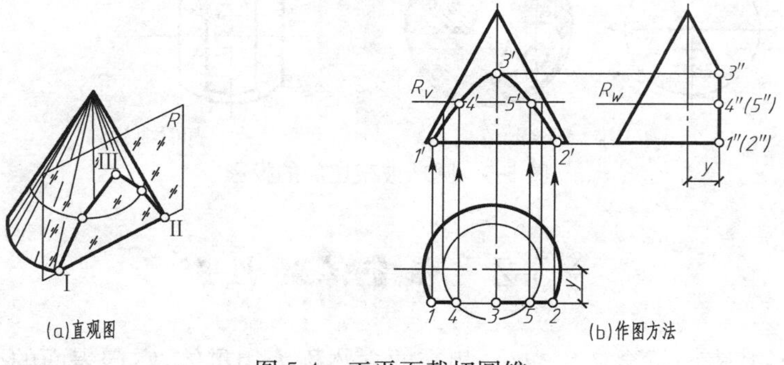

(a)直观图　(b)作图方法

图 5-4　正平面截切圆锥

(1)分析：因截平面平行于圆锥轴线，其截交线为双曲线，截交线的水平和侧面投影都积聚为直线，正面投影反映实形。

(2)作图：

①作特殊位置点的投影。由最高点Ⅲ和最低点Ⅰ、Ⅱ的侧面投影和水平投影，求出正面投影 1′、2′、3′。

②用辅助圆求一般位置点投影。作辅助平面 R 与圆锥相交得一圆，该圆的水平投影与截平面的水平投影相交得 4 和 5 两点，再由 4、5 和 4″(5″)求出 4′、5′。

③依次光滑连接 1′、4′、3′、5′、2′，即得双曲线正面投影。

3. 圆球截切体

任何位置的截平面截切球体时，截交线都是圆，但其投影随截平面位置不同而不同，当截平面平行于某一投影面时，截交线在该投影面上的投影为圆，在另外两投影面上的投影都积聚为直线。截平面垂直于某一平面时，在该平面的投影积聚为倾斜于轴线的直线，另两面投影为椭圆。当截平面处于一般位置时，则截交线的三面投影为椭圆。

[例 5-4] 已知正面投影，补画水平投影和侧面投影，如图 5-5(a)所示。

(1)分析：从图中知道，球体的左右两个截平面对称且为侧平面，因此截交线的侧面投影为圆，水平投影积聚为直线。球体上部凹槽是由两个侧平面和一个水平面截切而成，侧平面与球面交线在侧面投影中为圆弧，在水平投影中积聚成直线；水平面与球面的交线在水平投影中为两段圆弧，侧面投影是两段直线。

(2)作图：

①作左右两截切圆的截交线投影。水平投影为直线，侧面投影为圆。

②作圆柱孔的投影。因其在水平投影中不可见，所以为细虚线，其侧面投影为圆。

③作凹槽投影。凹槽侧面的水平投影，可根据正面投影作出。侧面投影圆弧半径 R_1 等于正面投影中的 z。凹槽水平面的侧面投影根据正面投影作出，被遮挡部分用细虚线画出，而水平投影圆弧的半径 R_2 则等于侧面投影中的 y，如图 5-5(b)所示。

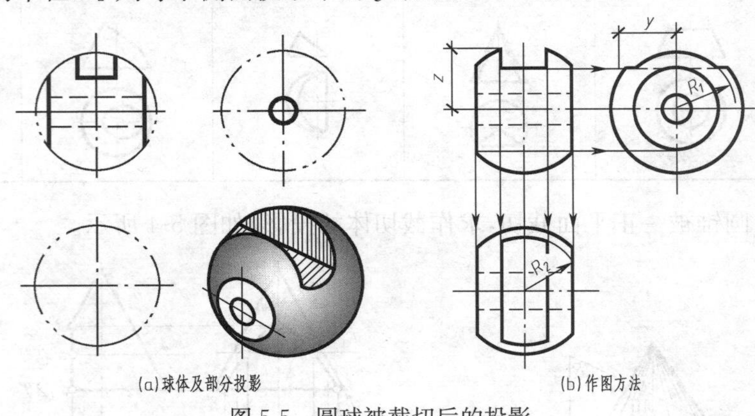

(a)球体及部分投影　　(b)作图方法

图 5-5　圆球被截切后的投影

§5-2　相贯体的投影

两立体相交，其表面就会产生交线，相交的立体称为相贯体，它们表面的交线称为相贯线，两立体相交也常称为相贯，如图 5-6 所示。

由于相交基本体的几何形状、大小和相对位置不同，相贯线的形状就不相同，但都有共同的基本性质：

(1) 共有性。相贯线是两个基本体表面的共有线，是两个相贯体表面一系列共有点的集合。

(2) 封闭性。由于基本体具有一定的范围，所以相贯线一般为封闭的空间曲线。

相贯线

图 5-6　相贯线

求相贯线一般有两种方法：积聚性法和辅助平面法，本书仅介绍积聚性法。

一、两平面体相贯

两平面立体的相贯线，一般是一组或两组封闭的空间(或平面)折线。相贯线的每条折线段为立体上两相交表面的交线，折线的转点必为一立体的棱线与另一立体表面的贯穿点。因此，两平面立体相贯线的求法是：一是求出平面立体上参于相交的棱线与另一体表面的贯穿点，再将同一表面上的贯穿点顺次相连；二是求出一立体与另一立体表面的交线，再依次相连。

[例 5-5]　求作四棱柱与三棱柱相贯的投影，如图 5-7 所示。

分析：

(1)由于四棱柱全部从三棱柱中贯出，因此形成前后两组相贯线Ⅰ Ⅱ Ⅲ Ⅳ Ⅴ Ⅵ(空间折线)和 $ABCD$(平面折线)，如图 5-7(a)所示。

(2)四棱柱的四条侧棱及三棱柱前面之侧棱参于相交。四棱柱侧棱的贯穿点为Ⅰ、A，Ⅲ、B，Ⅳ、C，Ⅵ、D，三棱柱前面侧棱的贯穿点为Ⅱ、Ⅴ，若求出上述各点的投影，即得到相贯线的投影。

(3)据四棱柱体与三棱柱体的位置可知，四棱柱的正面投影有积聚性，其相贯线的正面投影必然积聚在梯形上；三棱柱的水平投影有积聚性，相贯线的水平投影也必积聚在三边形上。因此，只需求出相贯线的侧面投影即可，如图 5-7(b)所示。

作图步骤如图 5-7(b)、(c)所示。

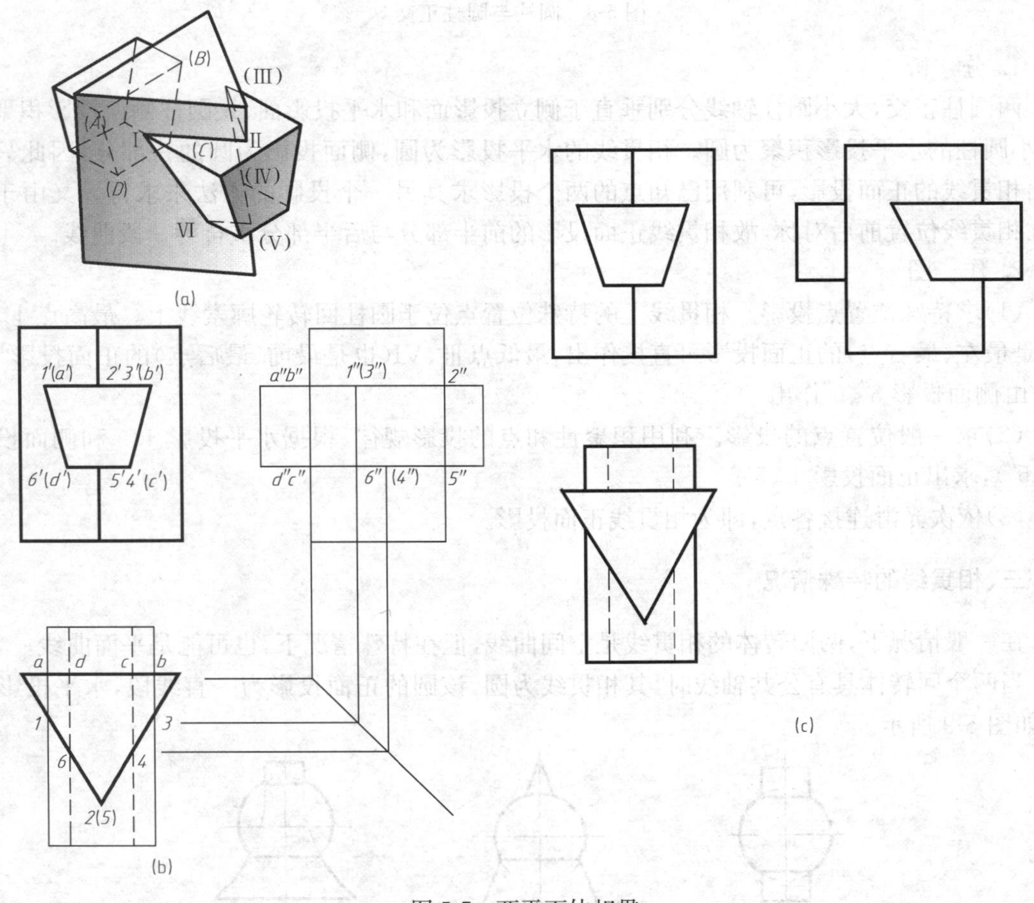

图 5-7　两平面体相贯

(a)立体图；(b)利用积聚性求出相交的各棱线贯穿点的正面投影、水平投影和侧面投影；(c)依次连接各点，整理加深。

二、两回转体相贯

若两相贯体中有圆柱体，且圆柱体轴线垂直于某一投影面，则在投影面的投影积聚为圆，相贯线的该面投影与圆重合。可利用圆柱投影的积聚性求出相贯线的其他投影。

［例 5-6］ 求作两圆柱正交的相贯线，如图 5-8 所示。

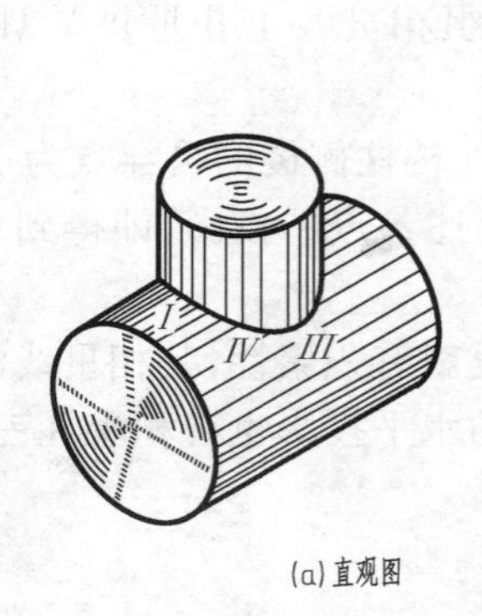

(a)直观图

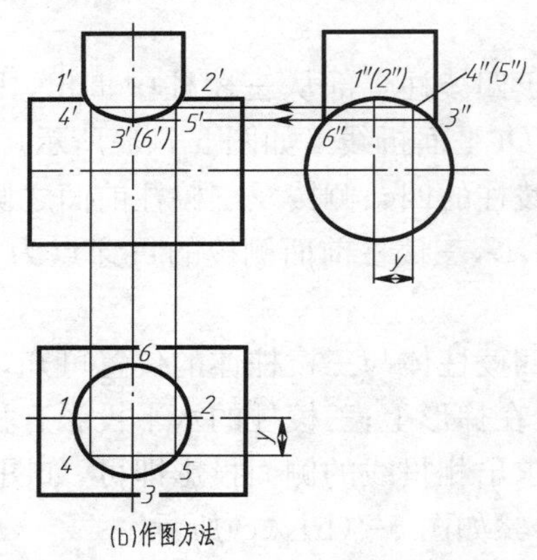

(b)作图方法

图 5-8 圆柱与圆柱正交

1. 分 析

两圆柱正交，大小圆柱轴线分别垂直于侧立投影面和水平投影面，大圆柱侧面投影积聚为圆，小圆柱的水平投影积聚为圆。相贯线的水平投影为圆，侧面投影为圆的一部分，因此只需求出相贯线的正面投影，可利用已知点的两个投影求其另一个投影的方法来求得。又由于两圆柱相贯线位置前后对称，故相贯线正面投影的前半部分与后半部分重合为一段曲线。

2. 作 图

(1)求特殊位置点投影。相贯线上的特殊位置点位于圆柱回转轮廓素线上。最高点Ⅰ、Ⅱ(也是最左、最右点)的正面投影可直接作出，最低点Ⅲ、Ⅵ(也是最前、最后点)的正面投影 3′、(6′)由侧面投影 3″、6″作出。

(2)求一般位置点的投影。利用积聚性和点的投影规律，根据水平投影 4、5 和侧面投影 4″、(5″)，求出正面投影 4′、5′。

(3)依次光滑连接各点，即为相贯线正面投影。

三、相贯线的特殊情况

在一般情况下，两回转体的相贯线是空间曲线，但在特殊情况下，也可能是平面曲线。

当两个回转体具有公共轴线时，其相贯线为圆，该圆的正面投影为一直线段，水平投影为圆，如图 5-9 所示。

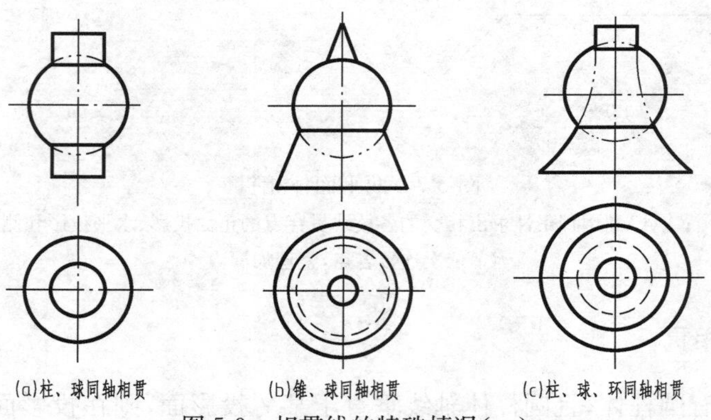

(a)柱、球同轴相贯　(b)锥、球同轴相贯　(c)柱、球、环同轴相贯

图 5-9 相贯线的特殊情况(一)

当圆柱与圆柱、圆柱与圆锥相交，且公切于一个球面时，图中相贯线为两个垂直于 V 面的椭圆，椭圆的正面投影积聚为直线段，如图 5-10 所示。

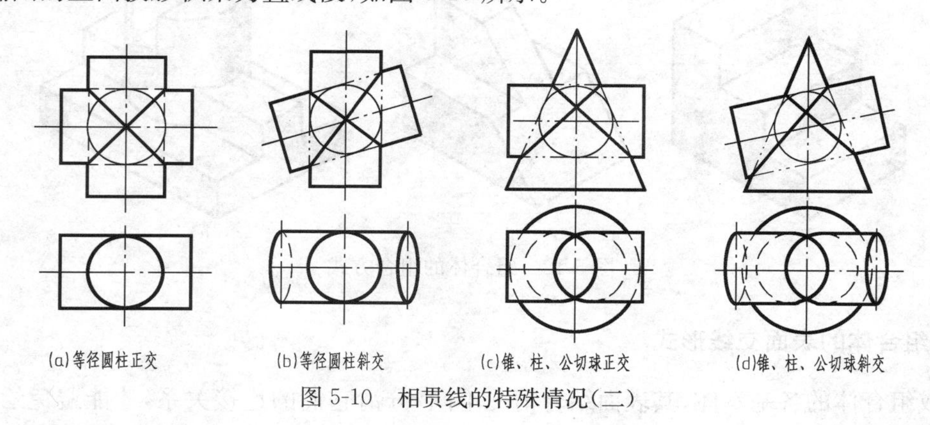

图 5-10　相贯线的特殊情况(二)

四、相贯线的近似画法

正交圆柱相贯线的近似画法：当两圆柱正交且直径相差较大、作图要求精度不高时，相贯线可用圆弧代替非圆曲线。如图 5-11 所示，以大圆柱的 $D/2$ 为半径作圆弧代替非圆曲线的相贯线。

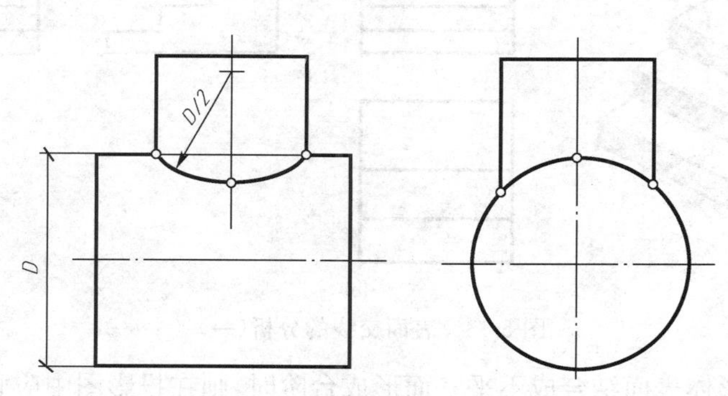

图 5-11　用圆弧代替相贯线

§5-3　组合体的组成及表面交线形式

一、组合体的组合方式

工程建筑物和构筑物，从形体角度可以看成是由基本体组合而成的。这种由基本体按一定方式组合而成的物体称为组合体。

组合体中各基本形体组合时的相对位置关系称为组合方式。常见的组合方式大体上分为叠加式、切割式和既有叠加又有切割的综合式三种方式。

(1)叠加式：如图 5-12(a)所示的台阶，可看作是由 3 个四棱柱叠加而成的组合体。

(2)切割式：如图 5-12(b)所示的物体，是由四棱柱切割而形成的，即先在两侧各切去一个小四棱柱，然后再用一平面斜切而成。

(3)综合式：如图 5-12(c)所示，这种组合方式既有叠加又有切割。

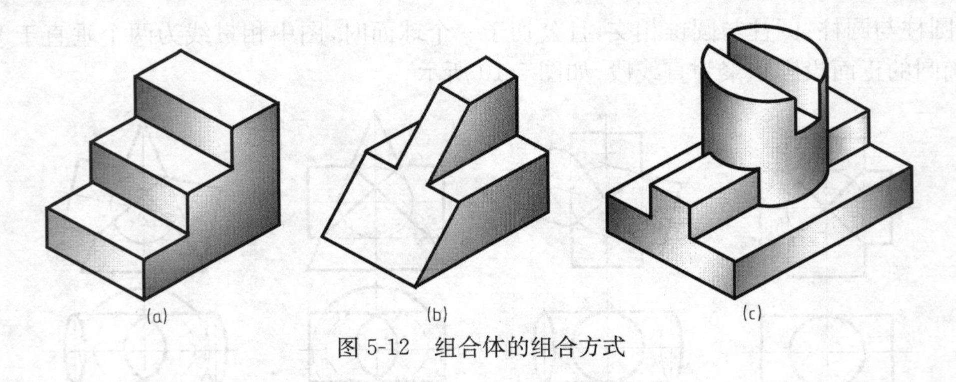

图 5-12 组合体的组合方式

二、组合体的表面交线形式

组成组合体的各基本体，其表面结合情况不同，分清它们的连接关系，才能避免绘图中出现漏线或多划线的问题。

体表面交结处的关系可分为平齐、不平齐、相切、相交四种。

(1)平齐：如图 5-13(a)、(b)所示，由三个四棱柱叠加而成的台阶，左侧面结合处的表面平齐没有交线，在侧面投影中不应画出分界线，图 5-13(c)是错误的。

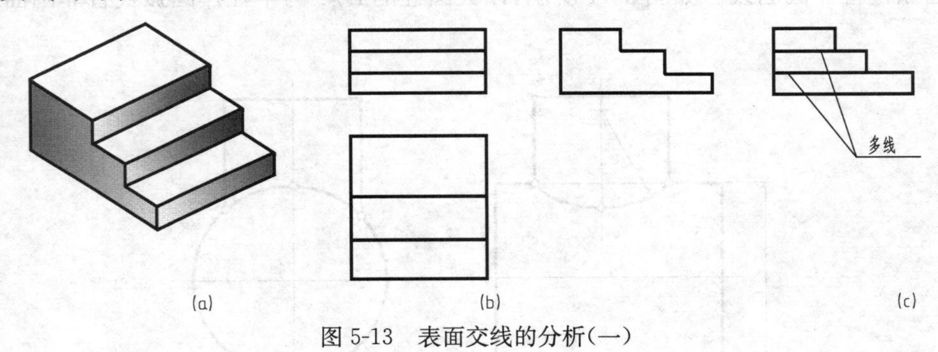

图 5-13 表面交线的分析(一)

(2)不平齐：当形体表面结合成不平齐而形成台阶时，则在投影图中应画出线将它们分开，如图 5-13(b)中的水平投影和正面投影。

(3)相切：当形体表面相切时，在相切处不划线，如图 5-14(a)所示。

(4)相交：当形体表面相交时，相交处必须画出交线，如图 5-14(b)所示。

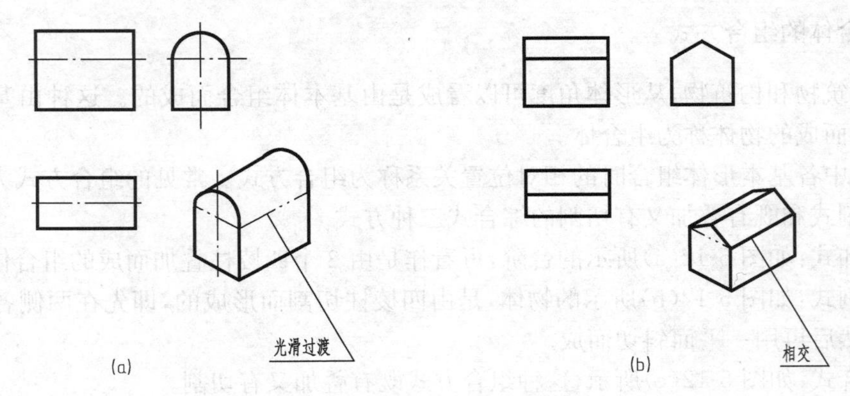

图 5-14 表面交线的分析(二)

§ 5-4　组合体投影图的画法

一、形体分析

画组合体的投影图之前，一般先对所绘组合体的形状进行分析，分析它是由哪些基本几何体组成的，各基本几何体之间的组合方式和位置关系怎样，这一分析过程称为形体分析。如图 5-15(a)所示组合体，可以将它分析成图 5-15(b)所示的基本几何体组成：底板是一块两边带有圆柱孔的长方体；底板之上，中间靠后的部分是半个圆柱和一块长方体叠加，中间有圆柱通孔；在带圆柱通孔的长方体左右两侧，各有一个三棱柱，前边为一个四棱柱。组合方式为综合式。

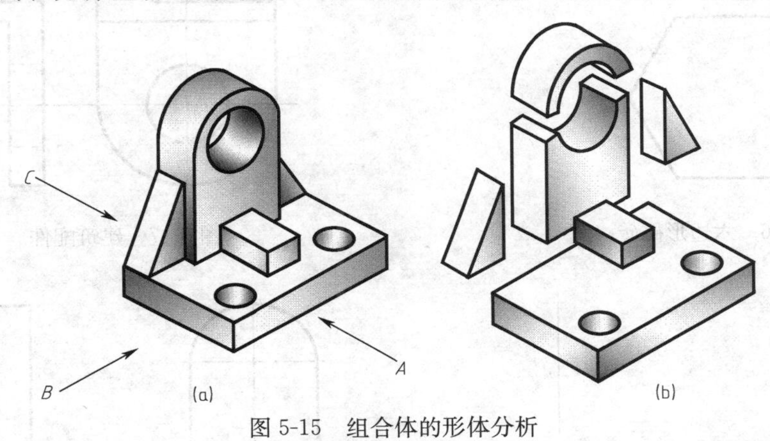

图 5-15　组合体的形体分析

二、确定组合体的安放位置

确定安放位置，就是考虑使组合体对三个投影面处于怎样的位置。位置确定后，它在三个投影面上的投影也就确定了。由于画图和读图时一般先从正面投影入手，因此，正面投影在投影图中处于主要地位，在确定安放位置时，应首先考虑使物体的正面投影最能反映组合体的形状特征。

确定安放位置时有以下几项要求：

(1)必须使组合体处于平稳位置。

(2)使正面投影能较多地反映组合体的形状特征。

(3)为了画图方便，应使组合体的主要面与投影面平行。

(4)为了使图样清晰，应尽可能地减少各投影中不可见的轮廓线。

(5)考虑合理利用图纸，对于长、宽比较悬殊的物体，应使较长的一面平行于投影面 V。

由于组合体的形状是多种多样的，上述各项要求很难同时照顾到，这时就应考虑主次，权衡利弊，根据具体情况决定取舍。

现以图 5-15 中所示组合体为例，说明如何确定安放位置，如图 5-15(a)所示。

首先将组合体放成正常位置——底板平放，并使组合体的主要表面平行投影面。再考虑把哪个方向投射得到的投影作为最能反映形体特征的正面投影。如图中所示，A 或 C 方向的投影均能较多地反映组合体的形状特征，但 C 向投影显然增加了许多虚线，故不可取。B 向投影虽然也能反映组合体的一些形状特征，但这样安放后，底板较长的面则不平行于 V 面。经全面分析比较，最后确定以 A 向投影作为正面投影，这样便确定了组合体的安放位置。

三、确定组合体的投影图数量

在能正确、完整、清楚地表达形体的原则下，使用最少数量的投影图。对于简单的物体，注明厚度后用一个投影即可表达完整，如图 5-16 所示的六边形磁砖。对于较复杂的形体则需要用两个或两个以上的投影表示，如图 5-17 所示的建筑配件，是用两个投影表示的。图 5-15 所示组合体是用三个投影表示的(图 5-18)。考虑到便于读图和标注尺寸，一般常用三面投影图表示物体的形状。

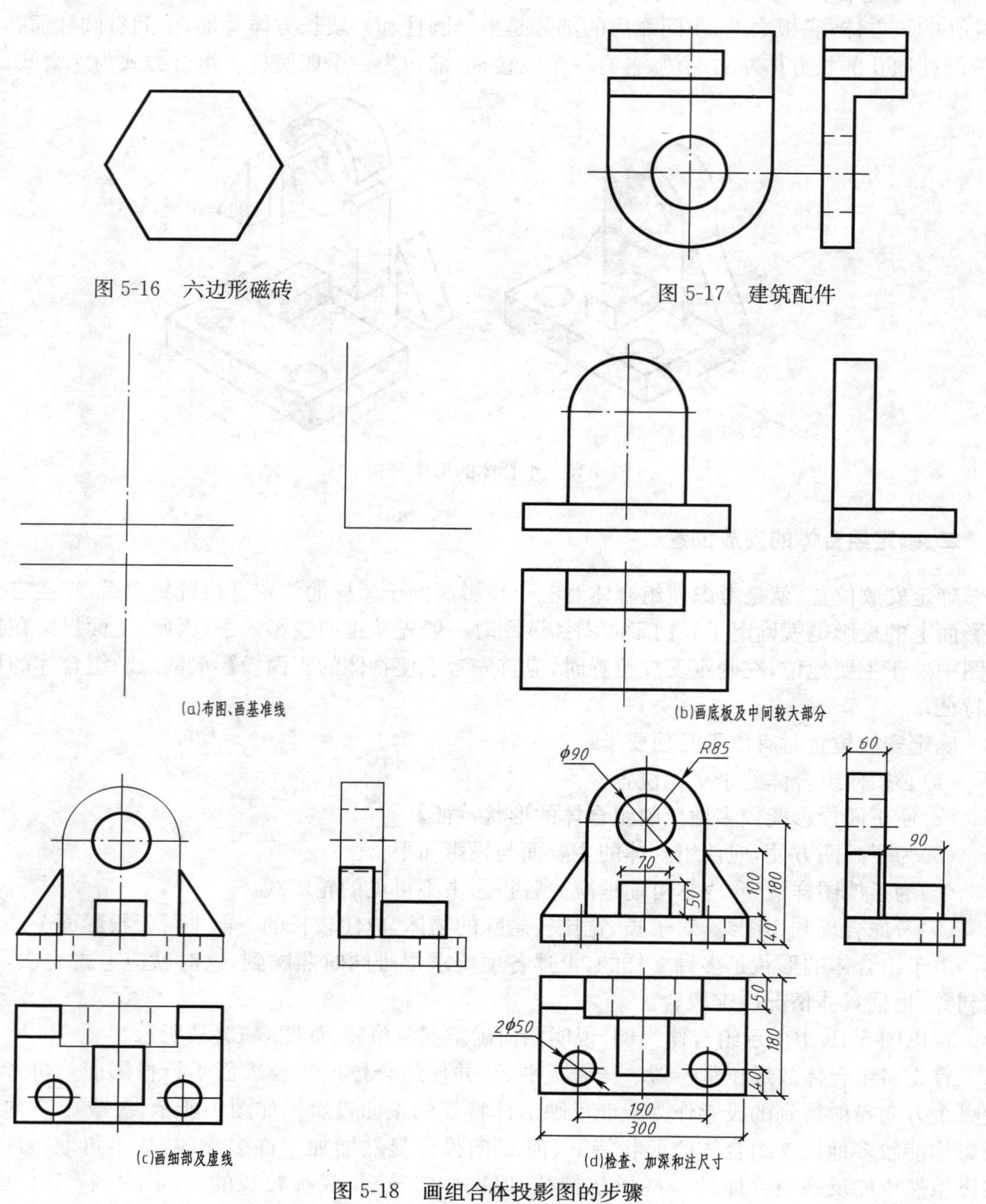

图 5-16　六边形磁砖

图 5-17　建筑配件

(a)布图、画基准线

(b)画底板及中间较大部分

(c)画细部及虚线

(d)检查、加深和注尺寸

图 5-18　画组合体投影图的步骤

四、选择比例和图幅

确定了组合体的安放位置和投影数量之后，按标准规定选择适当的比例和图幅。在通常情况下，尽量选用 1∶1 的比例。确定图幅时，应根据投影图的面积大小及标注尺寸和标题栏的位置来确定。

五、作图步骤

确定了画哪几个投影后，即可使用绘图仪器和工具开始画投影图。画组合体投影图的步骤如下：

(1)根据物体大小和标注尺寸所占的位置选择图幅和比例。

(2)布置投影图。先画出图框、标题栏线框和基准线。在可以画图的范围内安排 3 个投影的位置，为了布置匀称，一般先根据形体的总长、总宽和总高画出 3 个长方形线框作为 3 个投影的边界，如果是对称图形，则应画出对称线。布图时要考虑留出标注尺寸的位置。

(3)画投影图底稿。用较细较轻的线画出各投影底稿。一般先画出组合体中最能反映特征的或主要部分的轮廓线，然后画细部，即先画大的部分，后画小的部分，先画可见轮廓线，后画不可见轮廓线。

(4)加深图线。经检查无误之后，按规定图线加深。

(5)标注尺寸。标注图样上的尺寸，以确定物体的大小。

§5-5　组合体投影图的尺寸标注

投影图仅表达形体的形状和各部分的相互关系，而有足够的尺寸才能表明形体的实际大小和各组成部分的相对位置。

一、尺寸种类

(1)定形尺寸：确定组合体各组成部分形状大小的尺寸。

如图 5-18(d)所示，把组合体分为底板、竖板、两个三棱柱、一个四棱柱五个基本部分，这五个部分的定形尺寸分别为：底板长 300、宽 180、高 40 以及板上两圆孔直径 ϕ50；竖板长 170、宽 60，圆孔直径 ϕ90，圆孤半径 R85；三棱柱宽 50、高 100；四棱柱长 70、宽 90、高 50。

(2)定位尺寸：确定各组成部分之间相对位置的尺寸。

如图 5-18(d)所示，水平投影中的尺寸 190 是底板上两圆孔的长度方向的定位尺寸，40 是两小孔宽度方向的定位尺寸。

(3)总体尺寸：确定组合体总长、总高、总宽的尺寸。

如图 5-18(d)所示，底板的长度尺寸 300、宽度尺寸 180 分别是形体的总长和总宽尺寸，其高度尺寸是由尺寸 180 和 R85 相加来决定的。

二、标注尺寸的注意事项

(1)尺寸标注要求完整、清晰、易读；

(2)各基本体的定形、定位尺寸，宜注在反映该体形状、位置特征的投影上，且尽量集中排列；

(3)尺寸一般注在图形之外和两投影之间,便于读图;

(4)以形体分析为基础,逐个标注各组成部分的定形、定位尺寸,不能遗漏。

§5-6 组合体投影图的识读

读图和画图是相反的思维过程。读图就是根据正投影原理,通过对图样的分析,想象出形体的空间形状。因此,要提高读图能力,就必须熟悉各种位置的直线、平面(或曲面)和基本体的投影特征,掌握投影规律及正确的读图方法步骤,并将几个投影联系对照进行分析,而且要通过大量的绘图和读图实践,才能得到。

读图最基本的方法是形体分析法和线面分析法。实际读图时,两种方法常常配合起来运用。不管用哪种方法读图,都要先认清给出的是哪几面投影,从形状特征和位置特征(两者往往是统一的)明显的投影入手,联系各投影,想象形体的大概形状和结构,然后由易到难,逐步深入地进行识读。

一、形体分析法读图

即从形体的概念出发,先大致了解组合体的形状,再将投影图假想分解成几个部分,读出各部分的形状及相对位置,最后综合起来想象出整个形状。

由图 5-19(a)所示的正面投影和侧面投影,可将桥台分解为上部(桥台台身)和下部(桥台基础)两个部分,如图 5-19(b)所示。上部(桥台台身)如图 5-19(b)所示。它的左边部分是一个三棱柱,如图 5-19(c)所示。右边部分的基本形状是一个“T”形棱柱,顶端左边及前后加大,右下角被切去一角,如图 5-19(d)所示。下部(桥台基础)如图 5-19(b)所示。它的基本形状是一个长方体,在其上部的左边,前、后的左侧各切去一个小长方体,因此,基础上半部分形成一个 T 形,如图 5-19(e)所示。根据各部分的形状及其相对位置,综合想象出桥台的整体形状,如图 5-19(f)所示。

二、线面分析法读图

即根据线面的投影特征,用分析线、面的形状和相对位置关系,想象形体形状的方法。

物体投影中封闭的线框,一般是物体某一表面的投影。因此,在进行线面分析时,可从线框入手,即在一个投影(如正面投影)上选定一个(一般先选定大的、或投影特征明显的)线框,然后根据投影关系,找出该线框的其他投影——线框或线段(直线或曲线)。从相应的几个投影,即可分析出物体该表面的形状和空间位置。

另外,在进行线面分析时,要充分利用各种位置线面的投影特性。如果一个线框代表的是一个平面,该平面的投影如不积聚成一条直线,则一定是一个类似形,如三边形仍是三边形,多边形仍是边数相同的多边形,图 5-20 所示 4 个物体上带点的表面,都反映了这一性质。图 5-20(a)有 L 形的铅垂面,图 5-20(b)中有一个 T 形的正垂面,图 5-20(c)中有 U 形的侧垂面。它们都是有 1 个投影为一条直线,其余两投影反映为 L、T 和 U 形的类似形。图 5-20(d)中带点的表面,其 3 个投影都是梯形,很明显,该面为一般位置平面。

分析投影图上某一直线的性质时,必须注意联系其他投影来确定。投影图上的直线可能代表一个面的积聚投影,也可能是表面交线的投影,还可能是曲面轮廓线的投影。如图 5-21 所示,各 V 面投影中的直线性质是不同的。

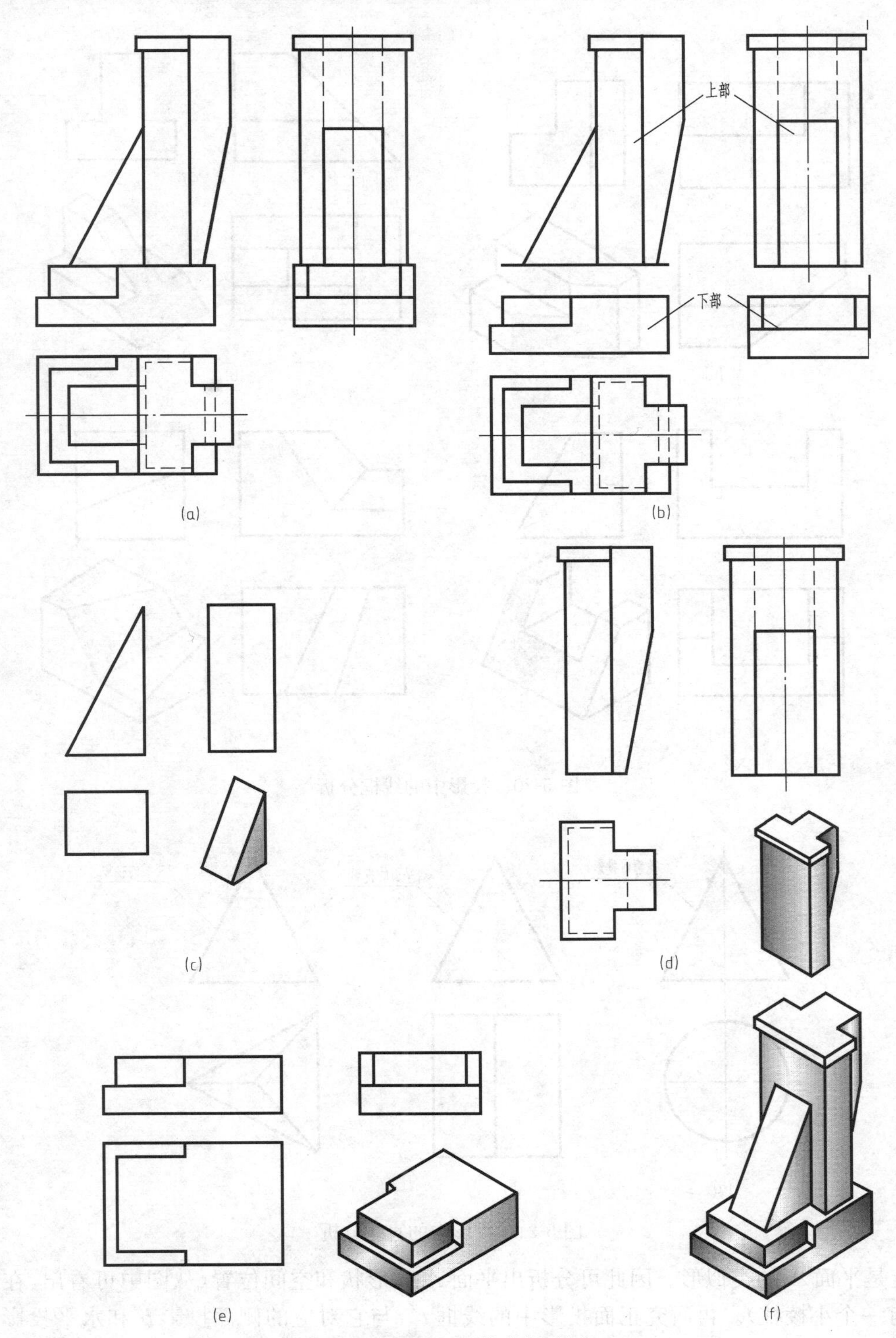

图 5-19　运用形体分析读图

如图 5-22 所示物体的主体部分，可视为由一长方体切割而成，运用线面分析读图较为方便。可先在水平投影中，选定较大的线框 a。从投影关系可以看出，在正面投影中，与 a 对应的部分，没有线框 a 的类似形，只有线段 a'。由 a 和 a' 可确定平面 A 为正垂面，它的侧面投影

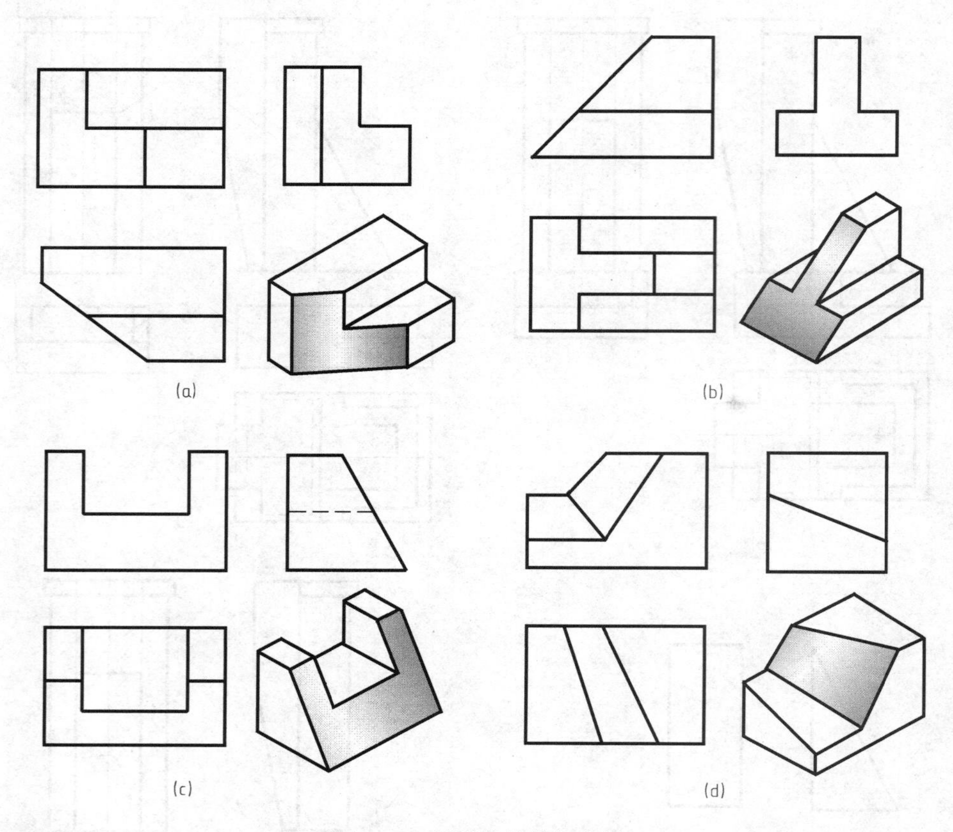

图 5-20 投影中的线框分析

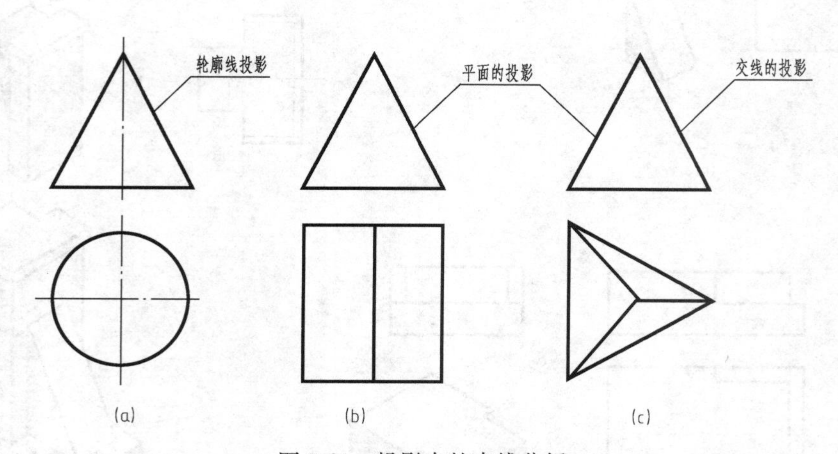

图 5-21 投影中的直线分析

a''一定是平面 A 的类似形。因此可分析出平面 A 的形状和空间位置(从图中可看出，在 A 面上附有一个小棱柱)。再研究正面投影中的线框 b'，与它对应的侧面投影 b''和水平投影 b，分别为一竖直和水平线段，由此可知平面 B 为一正平面。用同样的方法，分析得知平面 C 为侧垂面。在 B 和 C 之间有一水平面 D。可根据需要，再分析几个表面，然后综合各表面的相对位置想像出物体的形状，直至读懂。该物体的形状如图 5-22(b)所示。

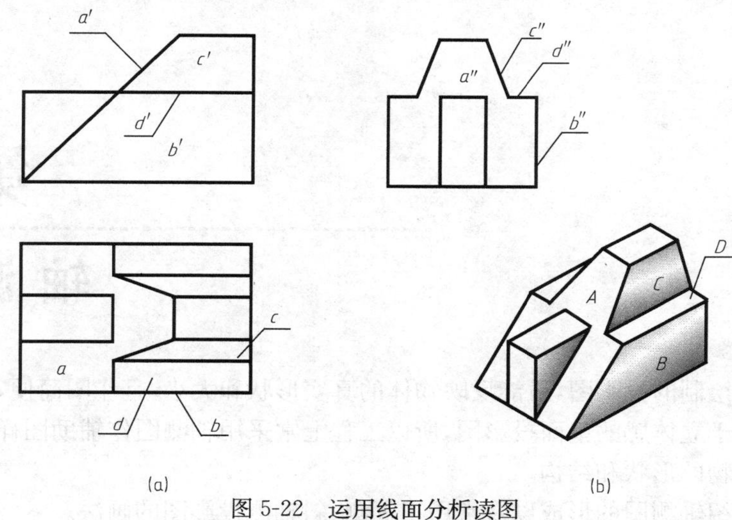

图 5-22　运用线面分析读图

1. 组合方式有哪些？它们有哪几种表面交线形式？
2. 截切体的定义如何？试述截交线的一般求法。
3. 相贯体的定义如何？试述相贯线的一般求法。
4. 试述组合体的绘图和读图方法与步骤。

第六章 轴测投影

用正投影法绘制的投影图,虽能反映物体的真实形状和大小,且作图简便,但缺乏立体感。轴测图是一种富于立体感的单面投影图,所以工程上常采用轴测图作辅助图样,使之能更直观的了解工程建筑物的形状和结构。

本章简要介绍轴测图的形成以及常用正等测、斜轴测投影图的画法。

§6-1 轴测投影的基本概念

一、轴测投影图的形成

如图 6-1 所示,将形体连同确定其空间位置的直角坐标系 $OXYZ$,一起沿着 S 方向用平行投影法将其投射在单一投影面(P)上所得到的图形为轴测投影图,也称为轴测图。

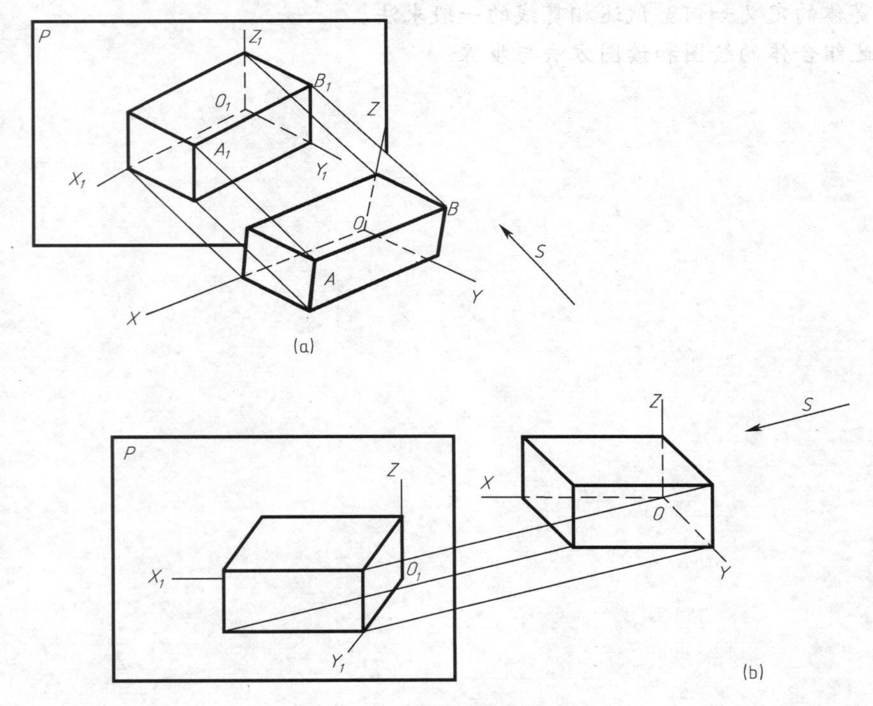

图 6-1 轴测投影的形成

在图 6-1 中, P 平面称为轴测投影面; S 方向称为轴测投影方向; OX、OY、OZ 称为空间坐标轴; O_1X_1、O_1Y_1、O_1Z_1 为 OX、OY、OZ 在轴测投影面上的投影,称为轴测轴;轴测轴之间的夹角$\angle X_1O_1Y_1$、$\angle X_1O_1Z_1$、$\angle Y_1O_1Z_1$称为轴间角；平行于空间坐标轴的线段，其轴测投影长度与实际长度之比称为轴向变形系数，通常用p、q、r表示：

X轴的轴向变形系数，$P=O_1X_1/OX$；

Y轴的轴向变形系数，$q=O_1Y_1/OY$；

Z轴的轴向变形系数，$r=O_1Z_1/OZ$。

二、轴测投影图的种类

如图6-1(a)所示，当形体上互相垂直的三个坐标轴都与P面倾斜，投影方向S垂直于轴测投影面P时的投影，称为正轴测图；如图6-1(b)所示，当形体上坐标面如XOZ与P面平行，投影方向S倾斜于轴测投影面P时的投影，称为斜轴测图。

常用的轴测图有正等轴测图和斜二轴测图。

三、轴测投影的特性

1. 平行性——形体上相互平行的线段，在轴测图上仍然相互平行。

2. 定比性——形体上平行于坐标轴的线段，其轴测投影与相应的轴测轴有着相同的轴向伸缩系数。

3. 真实性——物体上平行于轴测投影面的平面，在轴测图中反映实形。

由轴测投影的定比性可知，画轴测图时，凡与OX、OY、OZ坐标轴平行的线段，其轴测投影与相应的轴测轴平行，其长度可直接测量，而其他与轴方向不平行的线段都不能直接测量。

§6-2　正 等 测 图

当形体的三个坐标轴与轴测投影面P的倾角相等，投影方向S垂直于P面时，所得到的轴测图称为正等轴测投影图，简称正等测图。

一、正等轴测图的轴间角和轴向变形系数

1. 轴间角相等

$\angle X_1O_1Y_1=\angle Y_1O_1Z=\angle X_1O_1Z_1=120°$，如图6-2所示，通常$O_1Z_1$轴总是竖直放置，而$O_1X_1$、$O_1Y_1$轴的方向可以互换位置。

2. 轴向变形系数相等

经计算可知，$p=q=r\approx 0.82$，在实际作图时，为了简化作图，规定用简化的轴向变形系数$p=q=r=1$作图。用简化轴向变形系数画出的轴测图，比理论图形放大了约$1/0.82\approx 1.22$倍，但并不影响轴测图的立体感，作图简捷方便。

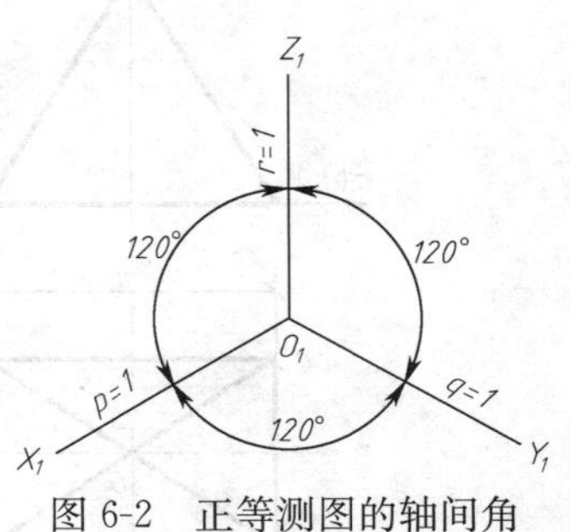

图6-2　正等测图的轴间角和简化系数

二、正等轴测图的画法

画轴测图的基本方法——坐标法。按形体的坐标值确定形体上各特征点的轴测投影并连线，从而得出形体的轴测图，这种方法即为坐标法。

1. 平面立体正等轴测图的画法

(1)棱柱的正等轴测图

已知正六棱柱的两面投影图,绘制其正等测图的方法步骤见表 6-1 所示。

表 6-1　六棱柱正等测图的作图步骤

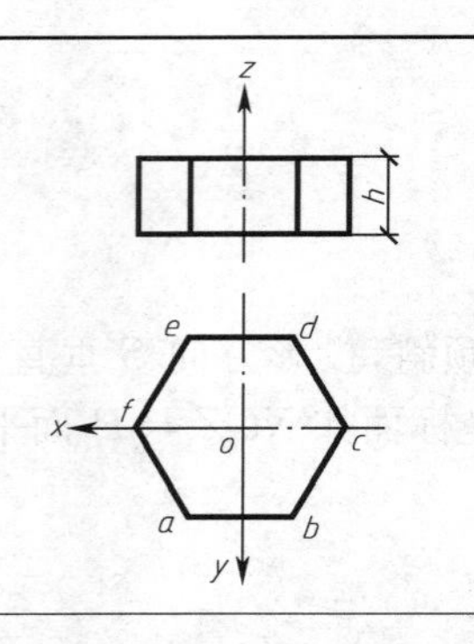	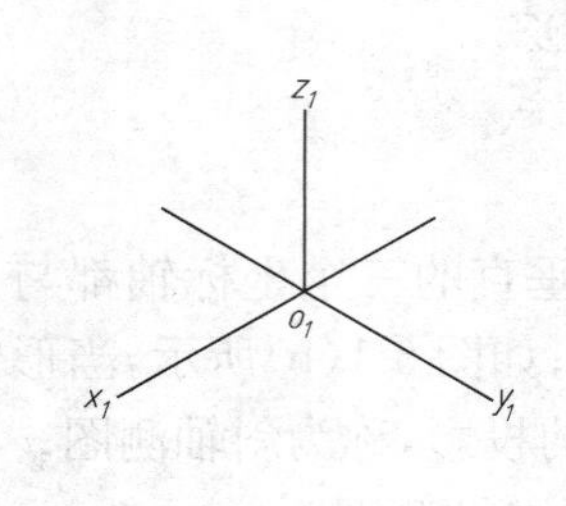	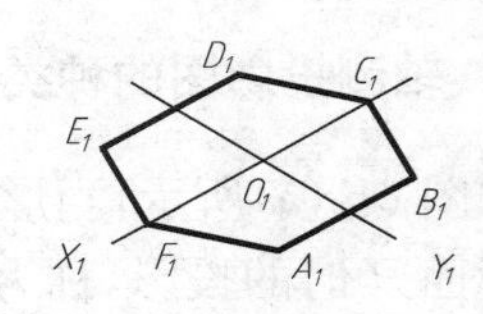
(a)在六棱柱的两面投影图上选定坐标原点及坐标轴	(b)根据轴间角,画出轴测轴	(c)用坐标定点法定出上底面六边形上各角点的轴测图 A_1、B_1、C_1、…、F_1,连线画出上底面的轴测图

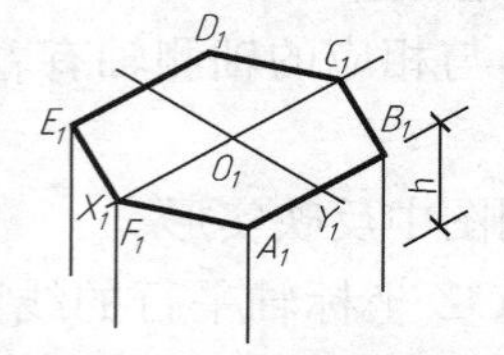	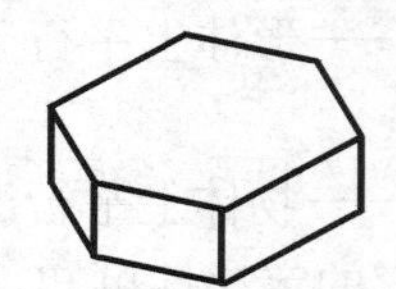
(d)由 A_1、B_1、C_1、…、F_1 各点沿 Z_1 轴方向向下量取高度 h,得下底面六边形上各角点的轴测图	(e)用粗实线依次连接各可见点,擦去不可见等多余图线,完成全图

轴测图中形体的可见轮廓用粗实线表示,不可见轮廓的虚线一般不画。

(2)棱锥的正等轴测图

已知四棱锥的两面投影图,绘制其正等测图的步骤见表 6-2 所示。

表 6-2　四棱锥正等测图的作图步骤

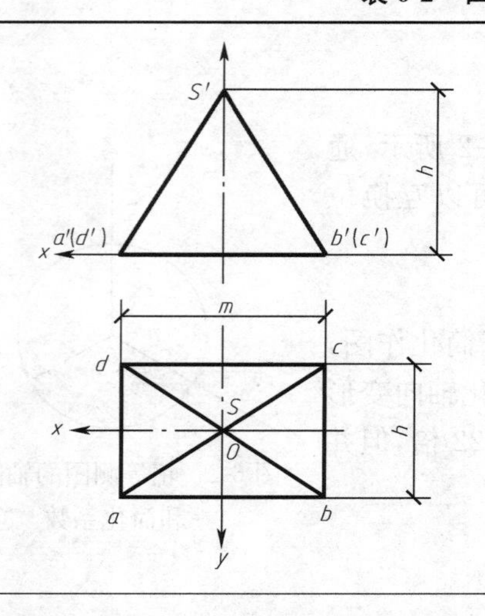	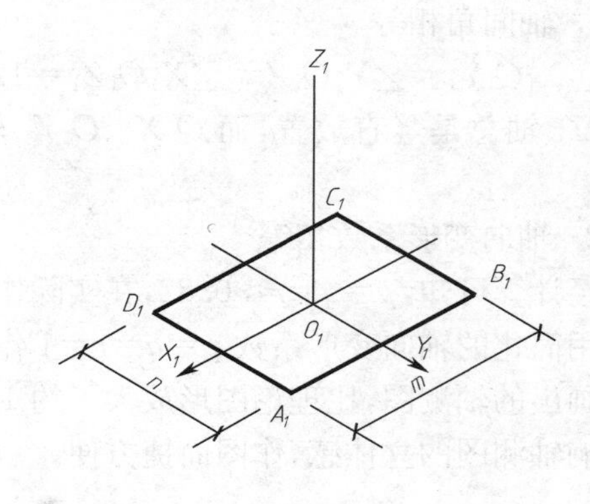
(a)在两面投影图上确定坐标原点和坐标轴,为作图简便,通常将坐标原点选在物体的对称中心	(b)画出轴测轴,用坐标定点法定出下底面四边形上各角点的轴测图 A_1、B_1、C_1、D_1,连线画出底面的轴测图

续上表

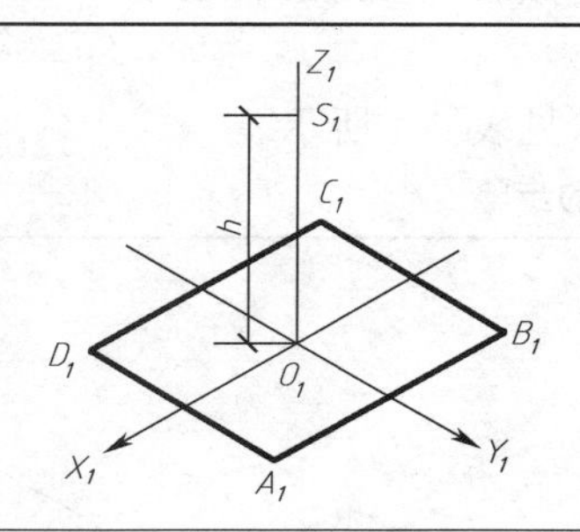	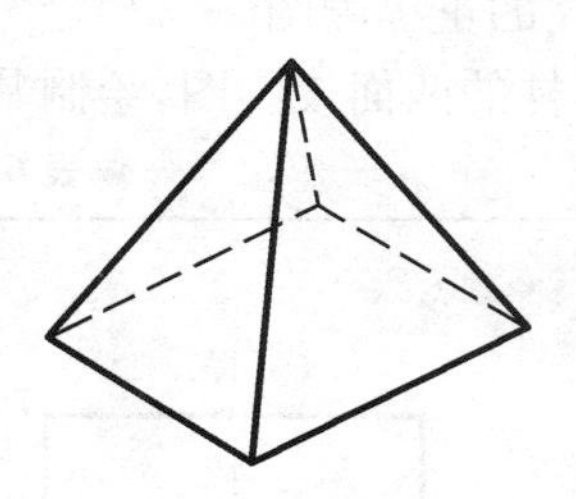
(c)自 O_1 点沿 Z_1 轴量取 h，得棱锥顶点 S_1	(d)依次连接四棱锥顶点与底面对应点，描粗加深可见轮廓线，擦去作图线，完成全图

2. 曲面立体正等轴测图的画法

(1)圆的正等测图

在形体的三个坐标面(或其平行面)上的圆，其正等测图是椭圆，如图 6-3 所示。工程上常用四心近似画法(又称菱形法，即以四段圆弧光滑连接而成的近似椭圆)作椭圆。现以直径为 D 的水平圆为例，介绍其作图方法步骤，如表 6-3 所示。

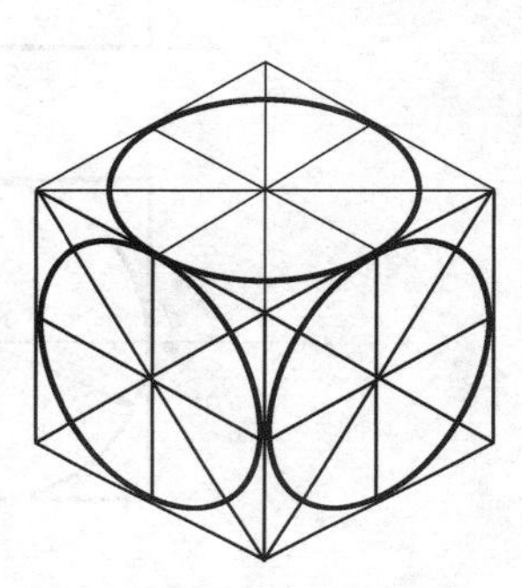

图 6-3　圆的正等测图

由于三个坐标平面与轴测投影面倾角相等，所以，三个坐标面上的椭圆作法相同，只是长、短轴的方向不同而已。

表 6-3　四心近似法作椭圆的方法步骤

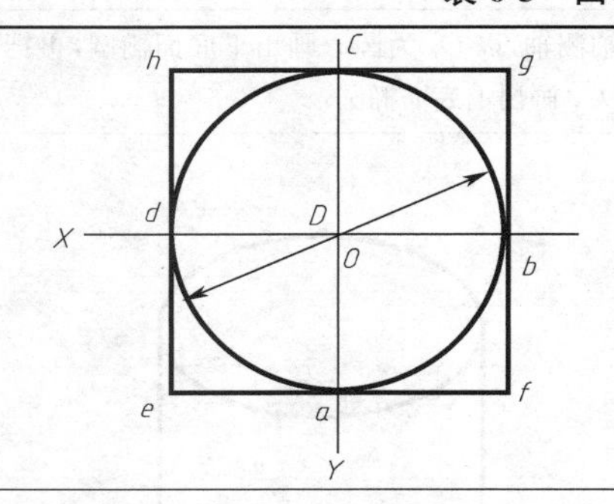	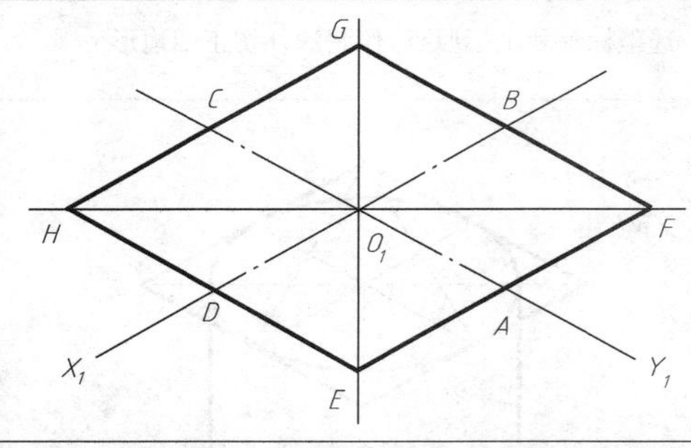
(a)画圆的外切正四边形 $efgh$，与圆切于 a、b、c、d 四点，确定坐标原点和坐标轴	(b)定椭圆中心 O_1，并作轴测轴 O_1X_1、O_1Y_1，按圆的直径 D 截取 A、B、C、D 四点，过 A、B、C、D 四点分别作 O_1X_1、O_1Y_1 轴的平行线，得一菱形 $EFGH$
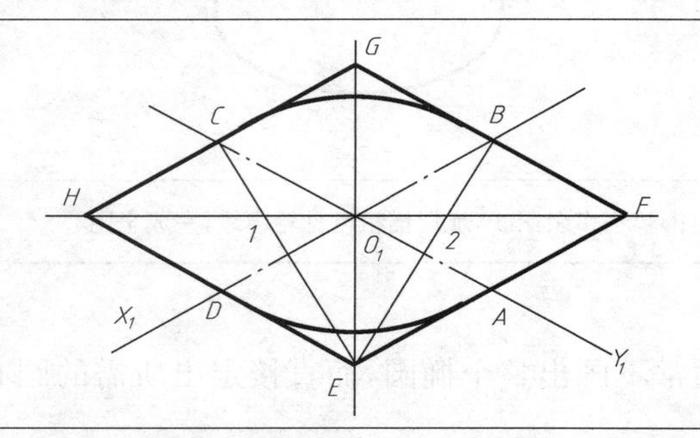	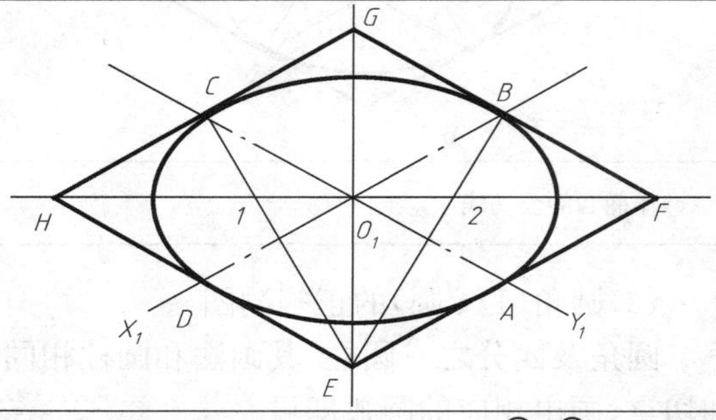
(c)连 EC、EB 交菱形长对角线于 1、2 两点，1、2、E、G 四点即为作近似椭圆的四心	(d)以 1、2 为圆心，$1C$ 为半径画小圆弧 $\overset{\frown}{CD}$、$\overset{\frown}{AB}$，以 E、G 为圆心，EC 为半径画大圆弧 $\overset{\frown}{BC}$、$\overset{\frown}{AD}$，四段圆弧构成近似椭圆

如果形体上的圆不平行于坐标平面，则不能用四心近似法(菱形法)作图。

(2)圆柱的正等测图

已知圆柱的两面投影图，绘制其正等测图的方法步骤见表 6-4 所示。

表 6-4　圆柱正等测图作图的步骤

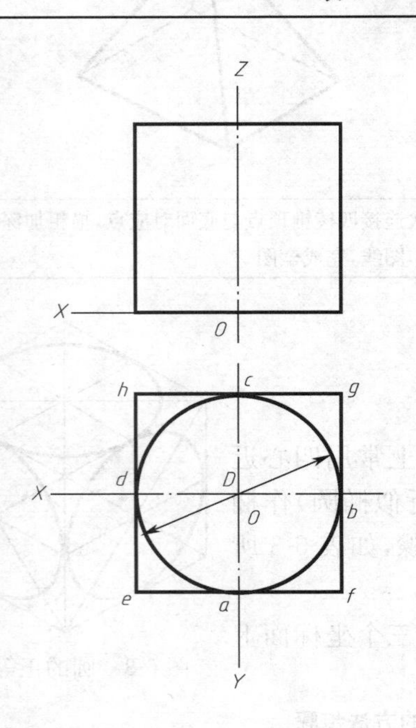

(a)选坐标轴和坐标原点，作圆的外切正四边形

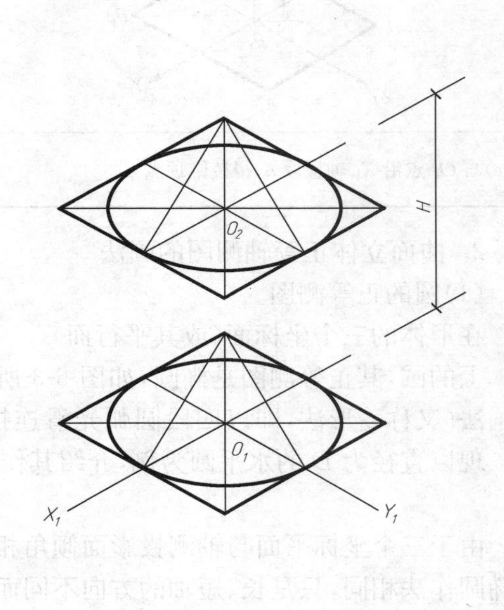

(b)画轴测轴，以 O_1 为圆心画出下底面椭圆，再把中心上移 H 到 O_2，画出上底面椭圆

(c)作椭圆的公切线

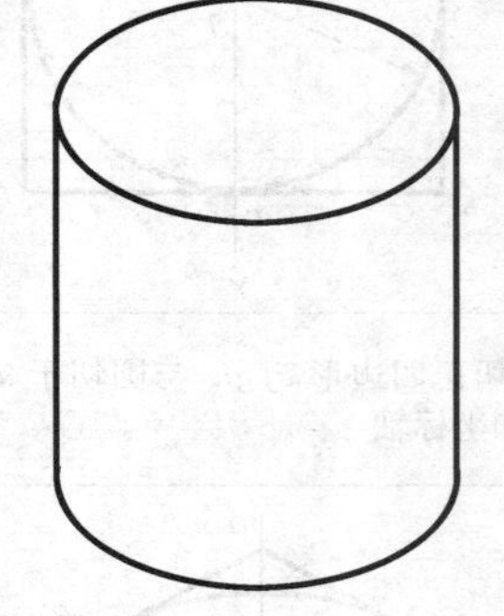

(d)擦去多余图线，加深描粗可见轮廓线，完成全图

(3)圆角(1/4 圆)的正等测图

圆角及四分之一圆柱，其画法和圆柱相同，通常不画出整个椭圆，而直接定出所需的圆心和切点，画出相应的圆弧即可。

现以表 6-5 所示带圆角的平板为例，介绍其作图方法步骤。

表 6-5　圆角正等测图的作图方法步骤

<table>
<tr>
<td>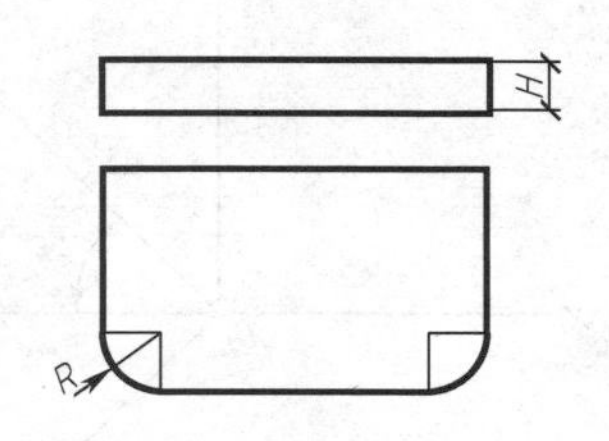
</td>
<td>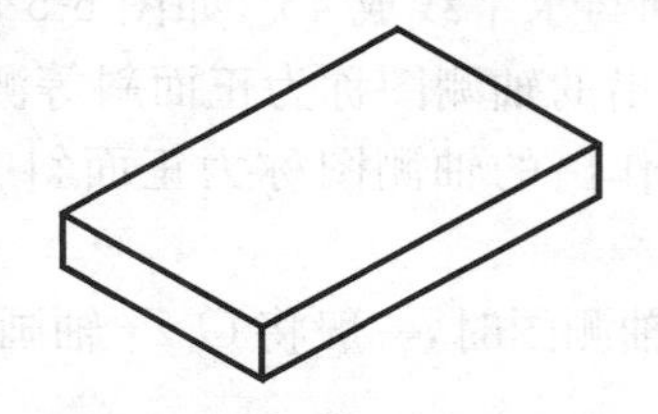</td>
</tr>
<tr>
<td>(a)已知</td>
<td>(b)画平板不带圆角时的正等测图</td>
</tr>
<tr>
<td>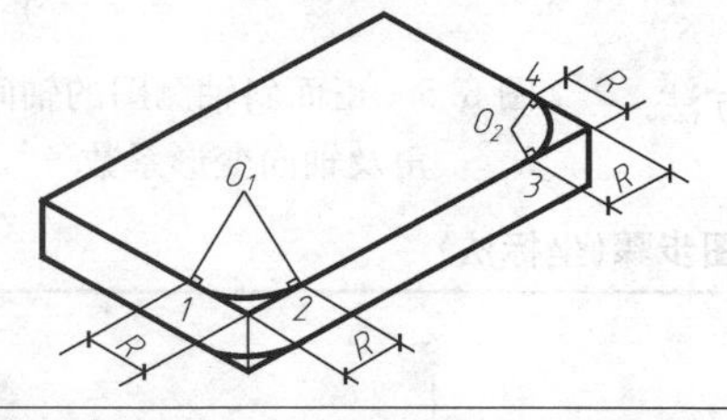
</td>
<td>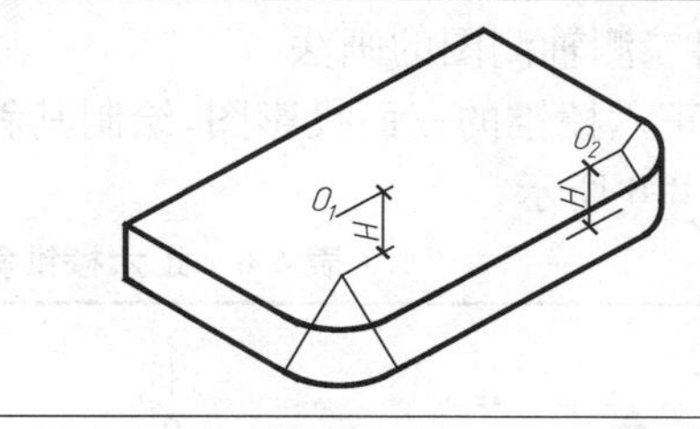
</td>
</tr>
<tr>
<td>(c)根据圆角半径 R,在平板上表面的边上找出切点 1、2、3、4;过切点分别作相应边的垂线,得交点 O_1、O_2,以 O_1 为圆心,$O_11=O_12$ 为半径画$\overset{\frown}{12}$;以 O_2 为圆心,$O_23=O_24$ 为半径画$\overset{\frown}{34}$</td>
<td>(d)将圆心 O_1、O_2 下移平板高度 H,以画上表面圆角相同的半径画圆弧,作出小圆弧的公切线,整理加深,完成全图,即得平板下表面圆角的正等测图</td>
</tr>
</table>

§6-3　斜轴测投影

立体主要面与轴测投影面 P 平行放置,而使投影方向 S 倾斜于投影面,所得到的轴测图称为斜轴测投影图,简称斜轴测图。

工程中常用的斜轴测图有两种:正面斜等测图和正面斜二测图。

一、正面斜轴测图的形成

以 V 面或 V 面的平行面作为轴测投影面所得到的斜轴测图,称为正面斜轴测图,如图 6-4 所示。

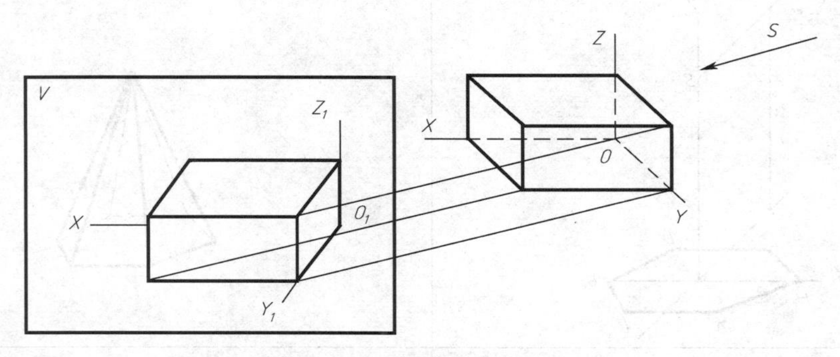

图 6-4　正面斜轴测图的形成

二、轴间角及轴向变形系数

斜轴测图的轴间角$\angle X_1O_1Z_1=90°$,轴向变形系数 $p=r=1$。因投影方向可为多种,故 Y

轴的投影方向和轴向变形系数也有多种，为作图简便，常取 O_1Y_1 轴与水平线成 45°，如图 6-5 所示，轴向变形系数 $q=1$ 时作出的轴测图称为正面斜等测图，简称斜等测图；$q=0.5$ 时作出的轴测图称为正面斜二测图，简称斜二测图。

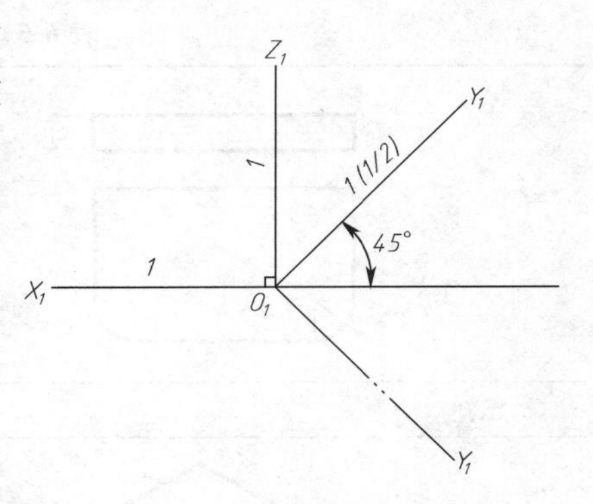

图 6-5　正面斜轴测图的轴间角及轴向变形系数

画斜轴测图时，一般将 O_1Z_1 轴画成铅垂位置。

三、正面斜轴测图的画法

1. 斜二测轴测图的画法

已知正六棱锥的三面投影图，绘制其斜二测图的方法步骤见表 6-6 所示。

表 6-6　正六棱锥斜二测图的作图步骤(坐标法)

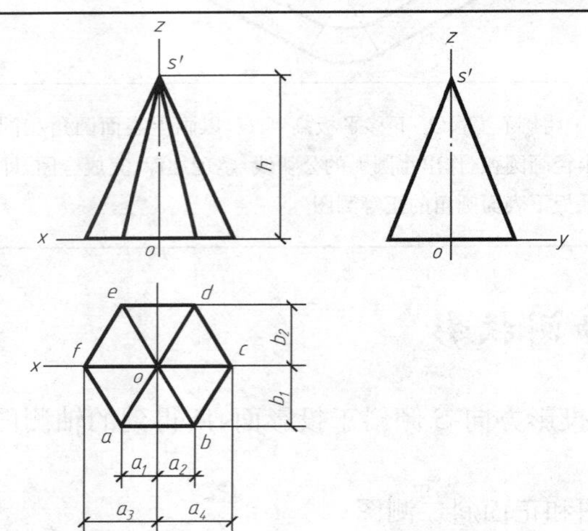	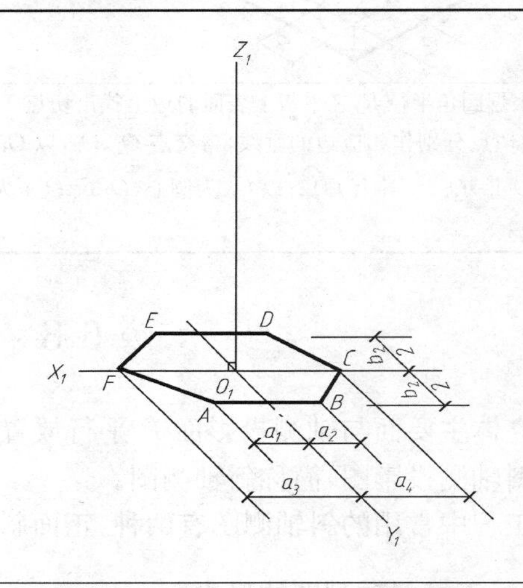
(a)在六棱锥的三面投影图上，选定坐标原点及坐标轴	(b)画出轴测轴，在 O_1X_1 轴上量取 a_3a_4 得 F、C 点，在 O_1Y_1 轴上量取 $b_1/2$、$b_2/2$ 并作 O_1X_1 轴的平行线，沿此线量取 a_1a_2 得 A、B、D、E
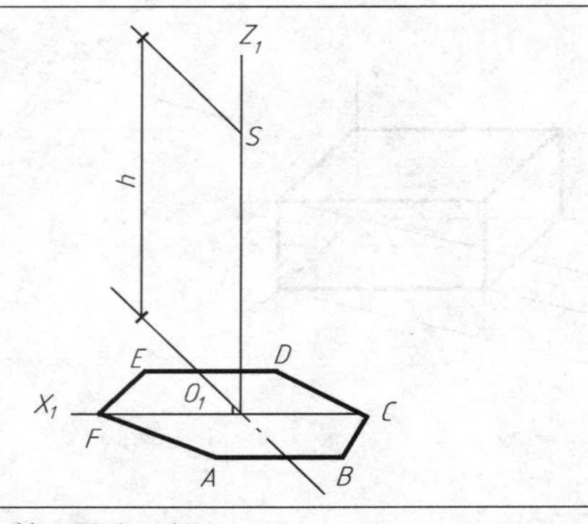	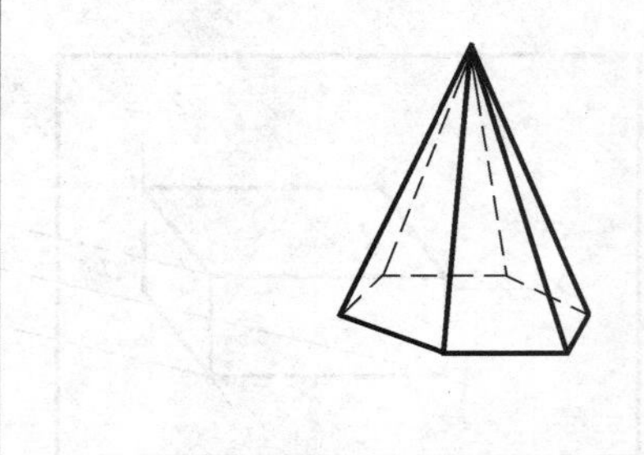
(c)在 O_1Z_1 轴上量取 h 得 S	(d)用粗实线依次连接可见点，擦去多余作图线，完成全图

2. 斜等测轴测图的画法

斜等测轴测图的画法与斜二测轴测图的画法相似。要注意的是 Y 轴方向的轴向变形系数 $q=1$。画图时，沿 Y 轴方向的长度应取物体上实际的长度。

［例 6-1］　已知圆台的两面投影图，绘制其斜等测图。

作图步骤和方法见图 6-6 所示。

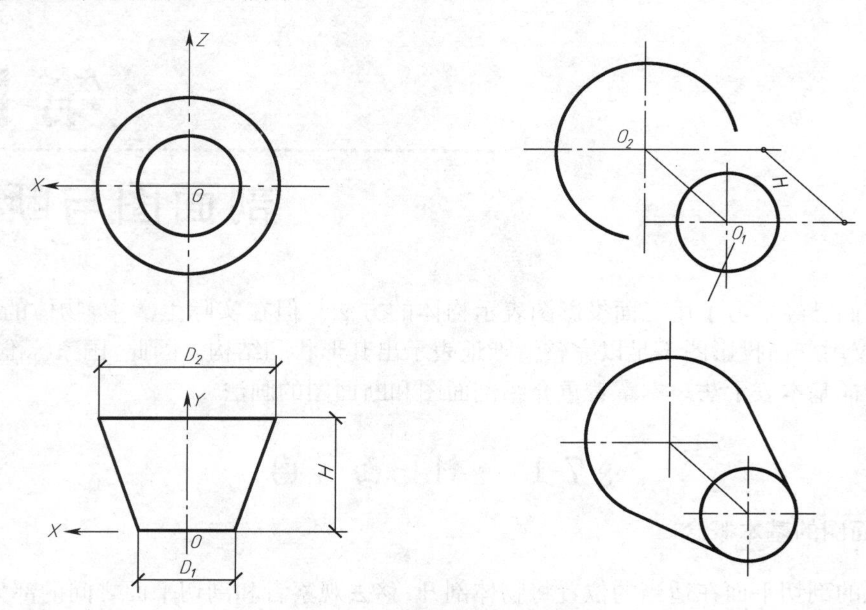

图 6-6　圆台的正等测图

(1) 在投影图中定出坐标原点及坐标轴。

(2)画出轴测轴，以 O_1 为中心，D_1 为直径画圆，得前端面的斜等测图，将中心后移 H，并以 D_2 为直径画圆，得后端面的斜等测图。

(3)作前、后两端面的公切线，即得圆台的斜等测图，擦去多余图线，完成作图。

1. 什么叫轴测投影？其特点是什么？
2. 轴测投影是如何分类的？
3. 正等轴测图有何特点？试述其绘图方法与步骤。
4. 正面二等斜轴测图有何特点？试述其绘图方法与步骤。

第七章

剖面图与断面图

前面我们已经学习了用三面投影图表示物体的方法。但在实际生活中，物体的形状是多种多样的，仅用三面投影图不足以完整清晰地表示出其形状和结构。因此，国家标准还规定了其他一些图样基本表示法。本章着重介绍剖面图和断面图的画法。

§7-1 剖 面 图

一、剖面图的基本概念

用假想的剖切平面在适当的位置将物体剖开，移去观察者和剖切平面之间的部分，将剩余部分向和剖切平面平行的投影面进行投影，并在物体的断面（剖切平面与物体接触部分）上画出建筑材料图例，所得到的图形称剖面图。

如图 7-1 所示圆形沉井，内部结构复杂。图 7-1(b)是圆形沉井的投影图。在正面投影图

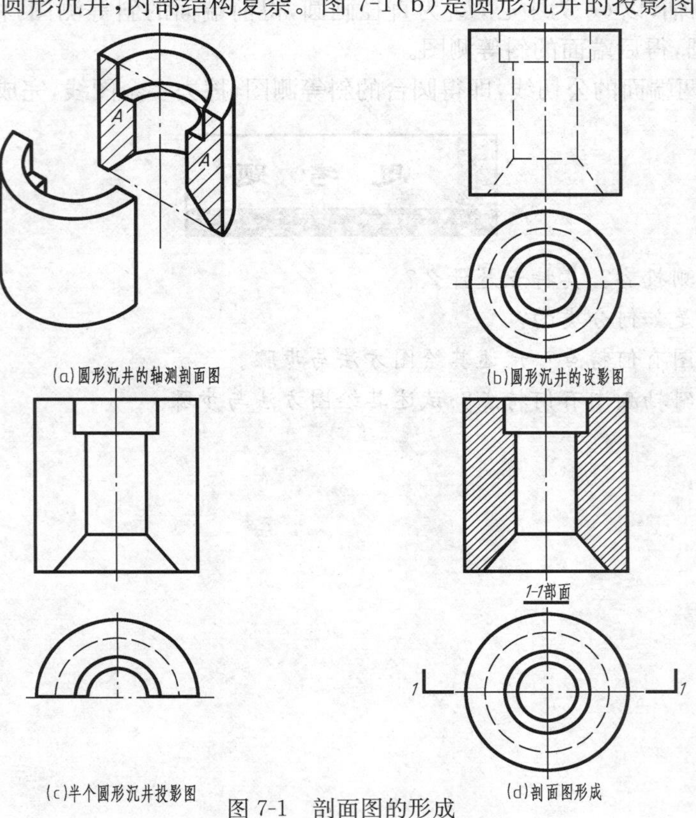

图 7-1 剖面图的形成

中出现的虚线较多,影响图示效果,也不便于标注尺寸。用一个假想的正平面A 作为剖切面,将圆形沉井剖开,可清楚地表达出复杂的内部结构,如图 7-1(a)所示。由于是假想剖切,圆形沉井的实际结构要保持完整,除剖面图外,其他投影图应按完整的形状画出,如图 7-1(d)所示。

二、剖面图的画法及标记

1. 剖面图的画法

(1)剖切面为投影面的平行面,并且尽量使剖切面通过物体的对称面或通过物体的孔、洞、槽部分的中心进行剖切,如图 7-1(a)中的 A 剖切面。

(2)剖面图需画出剖切后剩余物体的可见部分,被剖切面切到的部分轮廓线用粗实线绘制,剖切面没有切到,但沿投影方向可以看到的部分,用中实线绘制。已表达清楚的结构,虚线可省略。剖面图为假想剖切得到的,其他投影图应完整画出。图 7-1(d)是圆形沉井被 A 剖切面剖切后剩余部分的可见投影图,而水平投影图保持完整。

(3)断面上应画出建筑材料图例。在剖面图中画建筑材料图例的部分即为断面,为剖切到的实体部分。常用建筑材料图例见表 7-1。

表 7-1　常用建筑材料图例

名称	自然土壤	夯实土壤	砂灰土	砂砾石碎砖三合土	天然石材
图例					
名称	毛石	普通砖	耐火砖	空心砖	混凝土
图例					
名称	钢筋混凝土	木材	金属	防水材料	粉刷
图例					

2. 剖面图的标记

剖面图的标注主要包括剖切位置、投影方向及编号三部分内容,如图 7-1(d)所示。

(1)剖切位置线实质上是剖切面的积聚投影,用长为 6～10 mm 的粗实线绘制,尽量不穿越其他图线。

(2) 表示投影方向的剖视方向线垂直于剖切位置线,用长为 4～6 mm 的粗实线绘制。

(3) 编号宜用阿拉伯数字或英文字母水平书写在剖视方向线的端部,并在相应的剖面图上注出"×－×剖面"字样,"剖面"二字也可省略。

三、其他的几种常用剖面图

图 7-2 为全剖面图,图 7-3 为半剖面图,图 7-4 为局部剖面图,图 7-5 为分层剖面图,图 7-6 为阶梯剖面图,都使物体的内部结构得到清晰表达。

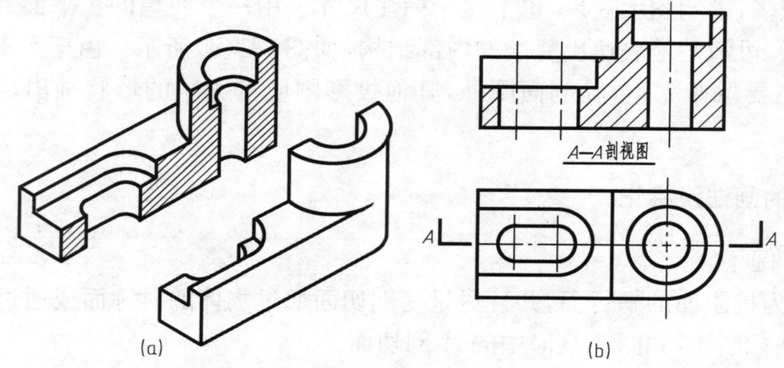

图 7-2　全剖面图示例

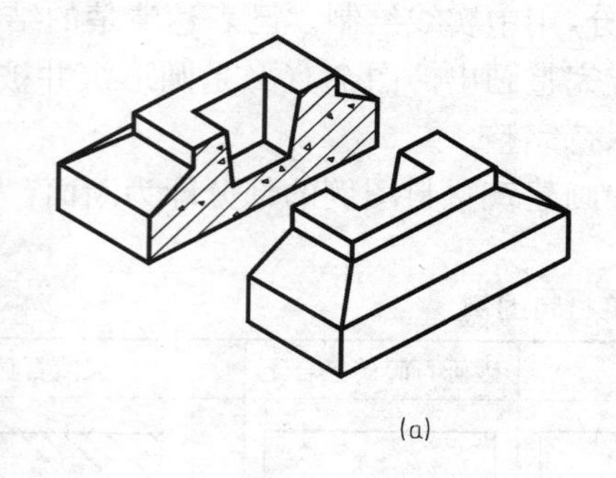

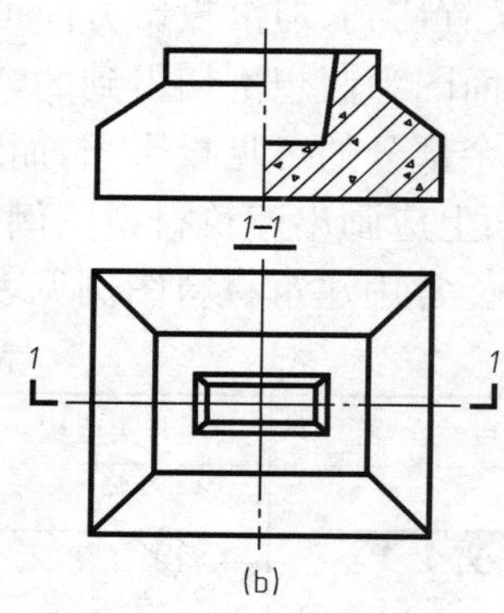

图 7-3　杯形基础的半剖面图

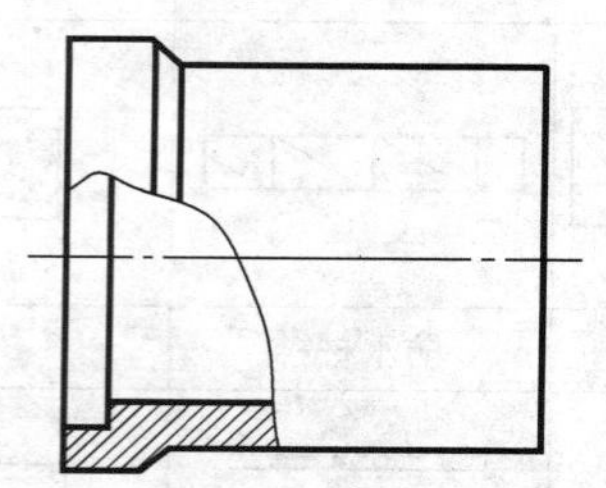

图 7-4　瓦筒的局部剖面图

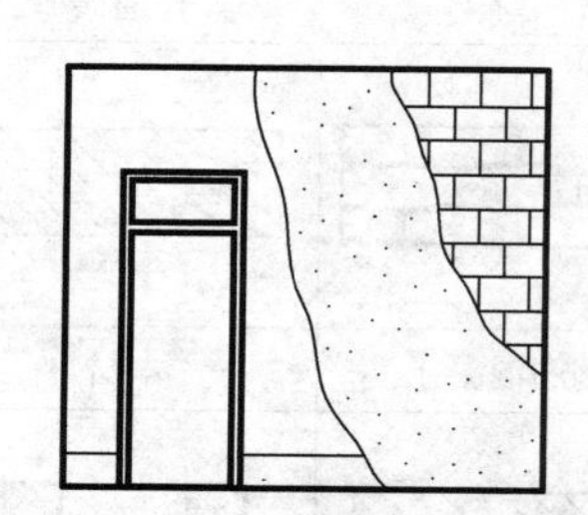

图 7-5　分层剖面图

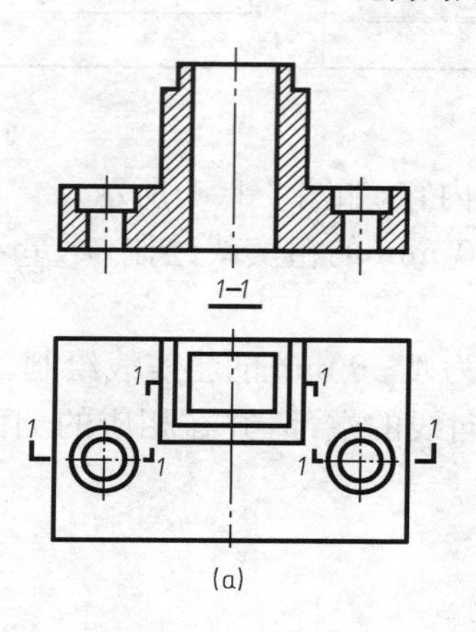

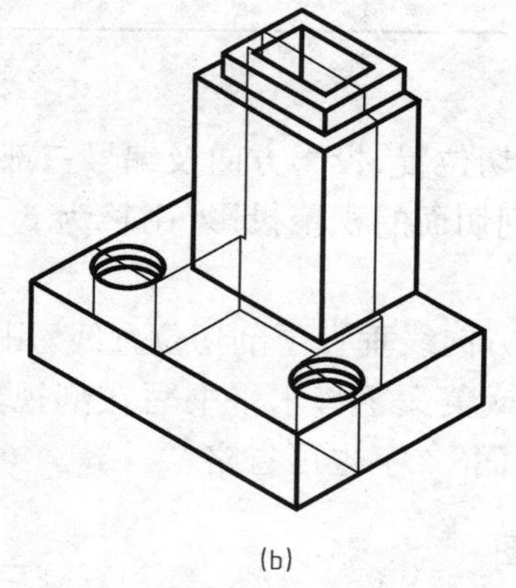

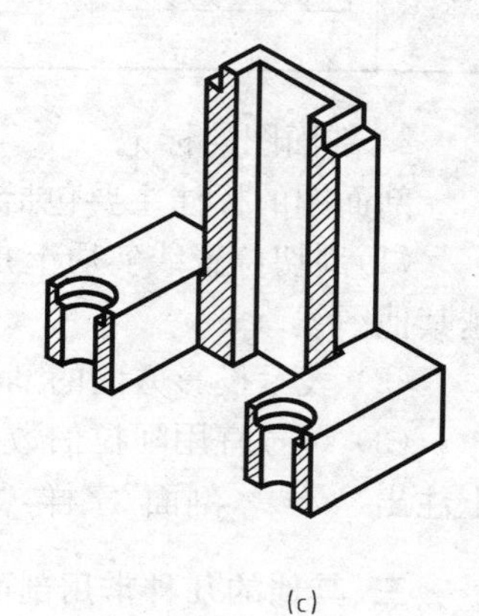

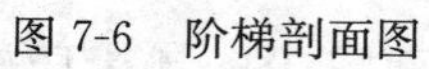

图 7-6　阶梯剖面图

四、剖面图的尺寸标注

剖面图的尺寸标注除应符合制图标准规定外，如图 7-7 所示，还应注意以下几点：

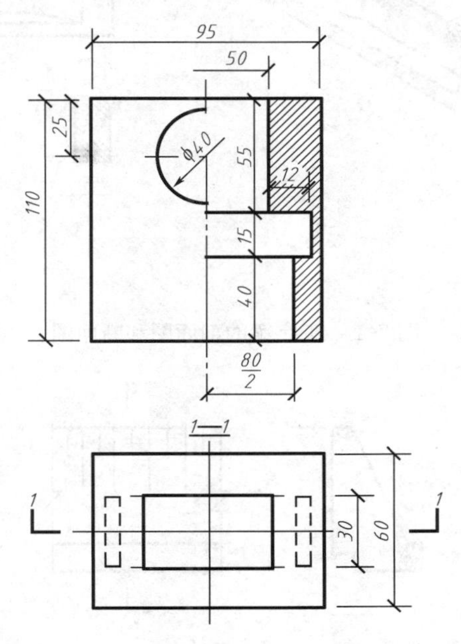

图 7-7　剖面图的尺寸标注

(1) 图例线在尺寸数字处断开，如图 7-7 中的尺寸 12。

(2) 对称结构标注全长尺寸，尺寸界线只画一端，尺寸线在该端应超出对称中心线或轴线，如图 7-7 中的尺寸 50，也可用“二分之一全长”的形式注出，如尺寸 65/2。

(3) 半剖面图中，仍标注直径尺寸，如图中的尺寸$\phi 40$。

(4) 物体的内外形尺寸，应尽量分开集中标注，如图 7-7 中的高度尺寸。

§7-2　断　面　图

一、断面图的形成

假想用剖切面将物体的某处切断，仅画出该剖切面与物体接触部分的图形称为断面图。断面处画图例线。如图 7-8 所示工字梁，由剖切面 1 和剖切面 2 分别得到 1—1 断面图和 2—2 断面图，由剖切面 3 得到 3—3 剖面图。

断面图通常用来表示物体上某一局部的断面形状，只需画出物体的断面形状即可，剖面图除了画出物体的断面形状外，还应画出断面后可见部分的投影。工字梁中的 3—3 剖面图比 2—2 断面图多画了断面后可见的两条轮廓线。

断面图只需标注剖切位置线和编号，编号应注写在剖切位置线的一侧；编号所在的一侧应为断面的投影方向；还要在相应的断面图上注出“×—×断面”字样，“断面”二字也可省略。当断面图的图形不对称时，必需用数字位置表示出投影方向，如图 7-9 为挡土墙的断面图。但当断面图的图形对称时可不注编号，图 7-10 中编号可省略。

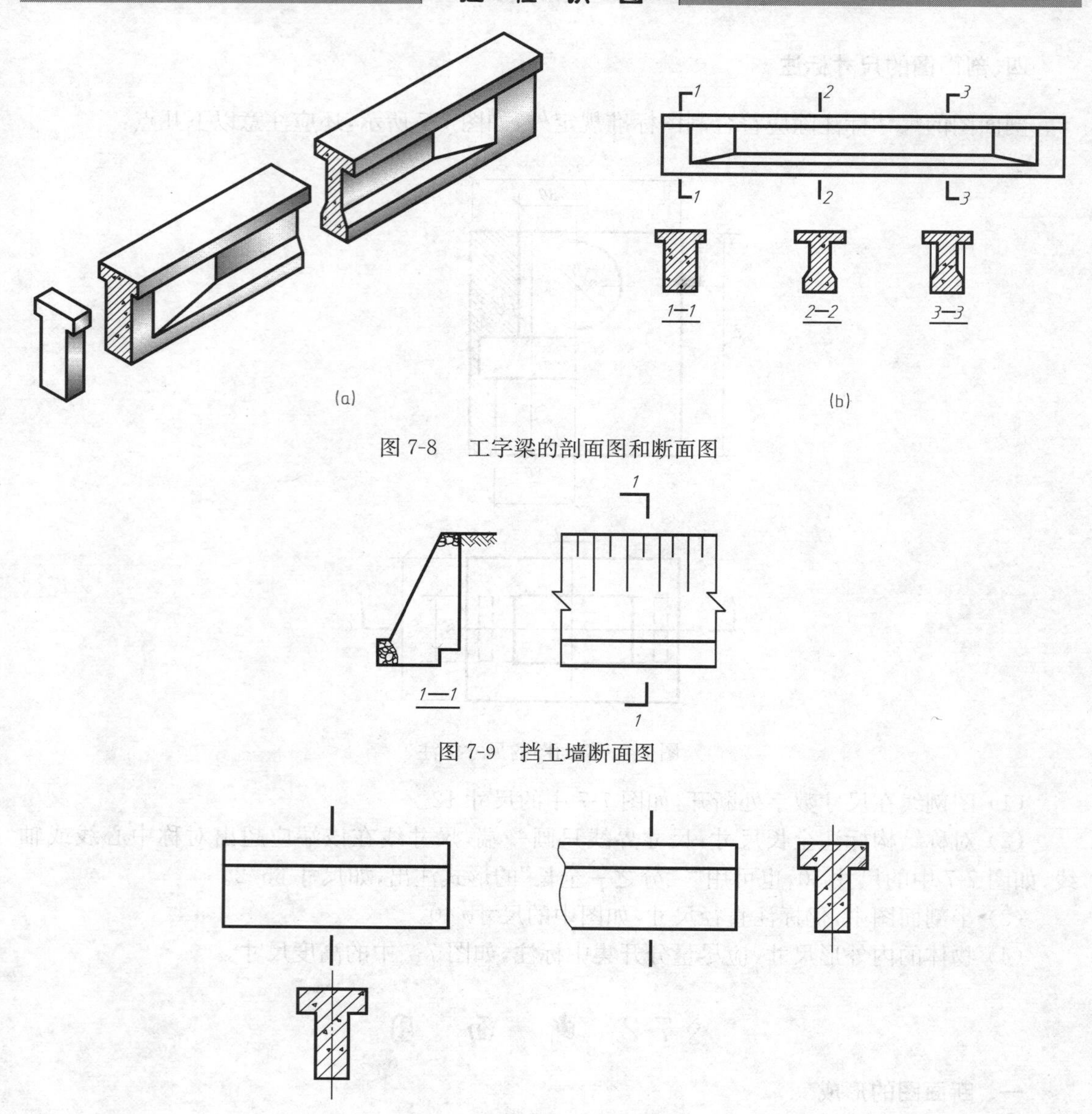

图 7-8　工字梁的剖面图和断面图

图 7-9　挡土墙断面图

图 7-10　T 形梁移出断面图

二、几种常见断面图的画法

在画断面图时规定，移出断面图用粗实线绘制。重合断面图一般用细实线绘制，但在房建工程图中，重合断面的轮廓也有用粗线画的，并在其表示实体一侧画出 45°图例线，如图 7-11～图 7-13 所示。

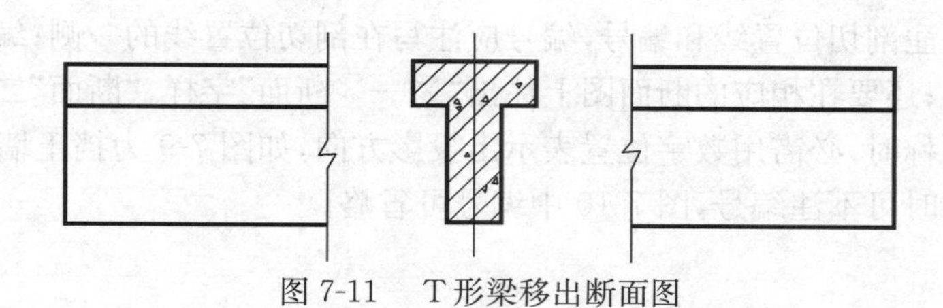

图 7-11　T 形梁移出断面图

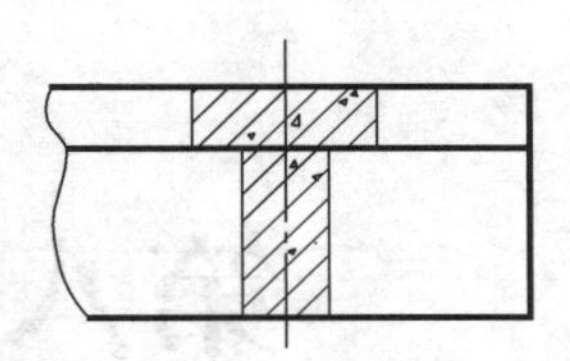

图 7-12　T 形梁重合断面图

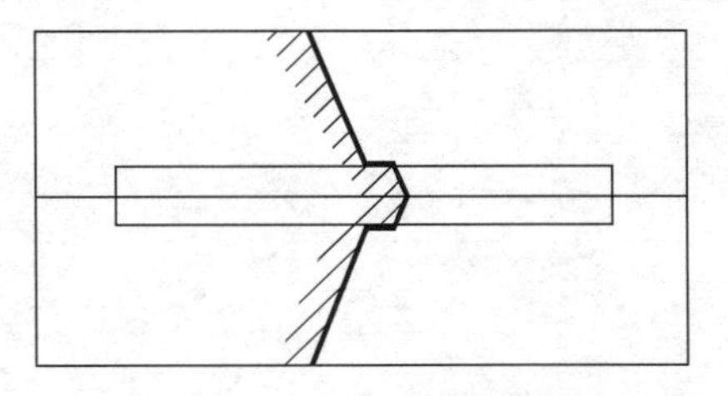

图 7-13　厂房的屋面平面图

1. 什么是剖面图？什么是断面图？两者有何区别？
2. 常用的剖面图有哪几种？各适用于什么情况？
3. 常用的断面图有哪几种？各种不同的断面图绘图时有何不同？
4. 剖、断面图的尺寸如何标注？

第八章

铁路线路工程图

铁路线路是机车车辆和列车运行的基础。它的基本组成包括车站、路基、桥梁、隧道、涵洞、防护工程、排水设施和轨道等。本章主要介绍线路平面图、纵断面图和路基横断面图，并着重强调其识读方法。

一条铁路是以横断面上距外轨半个轨距的铅垂线 AB 与路肩水平线 CD 的交点 O 在纵向的连线来表示的。如图 8-1 所示，O 点的纵向连线就是铁路的中心线，也称线路的中线。

线路的空间位置是用线路的中心线在水平面及铅垂面的投影来表示的。线路在水平面上的投影，叫做铁路线路的平面；线路中心在竖直面上的投影，叫做铁路线路的纵断面。由于地形、地物和地质条件的限制，在平面上线路中线由直线和曲线段组成，在纵断面上线路中线由平坡、上坡、下坡和竖曲线组成。因此，从整体上看，线路中线是一条曲直起伏的空间曲线。因为线路建筑在大地表面狭长的地带上，其平面弯曲和竖向的起伏变化都与地面形状紧密相关，所以线路工程图的图示特点为：以地形图为平面图，以纵向展开断面图作为立面图，以路基横断面为侧面图，并分别画在单独的图纸上。线路平面图、线路纵断面图、路基横断面图综合起来可以表达线路的空间位置、线型和尺寸。

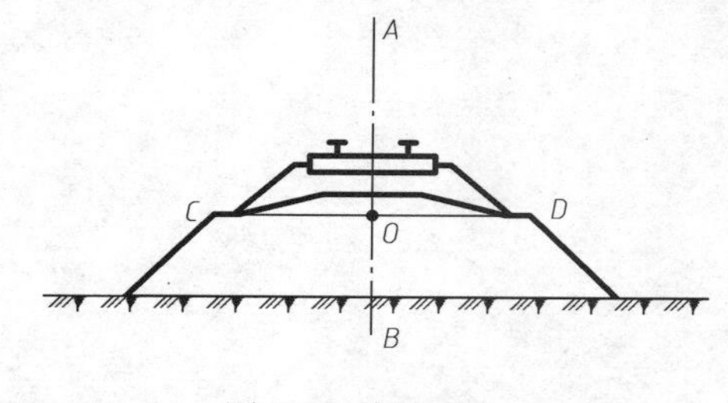

图 8-1　线路中心

线路平面图和纵断面图是铁路设计的基本文件，在不同的设计阶段，由于要求不同，用途不同，因而图的内容、格式和详细程度也不同，各设计阶段的线路平面图、纵断面图的式样和内容详见壹线(85)—0006《铁路线路图式》。现从教学需要出发，以详细图示为例，来说明线路平面图、纵断面图和路基横断面图的图示特点和图示内容。

§8-1　基本标准图形、符号

在学习线路平面图、纵断面图、路基横断面图之前，先认识一下将来在学习过程中可能遇到的图形和符号，以及这些图形和符号的意义。

在我国为统一铁路工程制图，提高制图质量和识图效率，便于技术交流，铁道部制定了《铁路工程制图标准》和《铁路工程制图图形符号标准》，现就识读铁路线路工程图需要，选摘部分相关标准及图形符号。

一、线路平面图形符号

线路平面图形符号如表 8-1 所示。

表 8-1　线路平面图常用图形符号

序号	名　称		图　例	序号	名　称		图　例
1	平面高程控制点			9	断链标： B—面尺标 S—两百尺标间长度 以短链为例：		67.3 =DK5+500 短链32.7m DIK5+467.3m 5　4 S B　B
2	铁路水准点						
3	导线点						
4	河流						
5	高压电线 低压电线						
6	房屋						
7	特大桥、大桥中桥	既有		10	隧道	既有	
		设计				设计	
8	小桥	既有		11	涵洞	既有	
		改建				改建	

二、线路纵断面、路基横断面图形符号

线路纵断面、路基横断面图形符号如表 8-2 所示。

表 8-2 线路纵断面图常用图形符号

序号	名 称		图 形 符 号	序号	名 称		图 形 符 号
1	断链标		S	10	明 洞		
2	既有或新建铁路近期开放站			11	立体交叉(设计线在上)		
3	特大桥、大桥、中桥(上承式)			12	隧 道		
4	水			13	夯填土石		
5	天然土石			14	栽砌卵石、砾石垫层		
6	黏土保护层			15	钢筋混凝土		
7	路堑	既有		16	路堤	既有	
		设计				设计	
8	洞顶仰坡			17	半堤半堑	既有	
9	大避车洞	既有				设计	
		设计					

三、常用标注符号

常用标注符号如表 8-3 所示。

表 8-3　常用标注符号

名　称	图 形 符 号	名　称	图 形 符 号
索引符号	图册的编号；详图的编号；详图所在图纸的图纸号；10mm	高程符号	注写高程；45°；2～3mm

§8-2　线路平面图

线路平面图是指在绘有初测导线和坐标网的大比例带状地形图上绘出线路平面和标出相关资料的平面图。线路平面图主要用于表示线路的位置、走向、长度、平面线型(直线和左、右弯道曲线)和沿线路两侧一定范围内的地形、地物情况以及结构物的平面位置。

一、线路平面图的图示特点

在带状地形图上，用粗实线画出设计线路中心线，以此表示线路的水平状况及长度里程，但不表示线路的宽度。

二、线路平面图的基本内容

图 8-2 为新建铁路技术设计线路平面图的图示，现就线路平面图包括内容说明如下。

1. 地形部分

线路平面图中的地形部分是线路布线设计的客观依据，它必须反映以下内容：

(1)比例。为了使图样表达清晰合理，不同的地形采用不同的比例。一般在山岭地区采用 1∶2 000，在丘陵和平原地区采用 1∶5 000。如图 8-2 采用 1∶2 000。

(2)指北针和坐标网。为了表示线路所在地区的方位和走向，也为拼接图纸时提供核对依据，地形图上应画出指北针或坐标网。

图 8-2 采用的坐标网即测量坐标网，用沿南北方向和沿东西方向、间距相等的两组平行细实线构成互相垂直的方格网(即网格通线)，坐标数值标注在网格通线上，且字头朝数值增大方向，数值单位是 m。通过坐标值表示网线的位置，通过两网线的交点确定点的位置。如图 8-2 中N43400 表示本网线距坐标网原点以北 43 400 m，E65600 表示该网线距坐标网原点以东 65 600 m，该两坐标值确定唯一点的位置。

(3)地形。地形的起伏变化及变化程度用等高线来表示。等高线一般每隔 0.3～0.4 m 注一排计曲线的高程，地形点一般不绘，但在陡崖的崖顶及崖底、冲沟沟底、梯田、陡坎上下等高线不易表明高程的地方，应适当加注地形点的高程。等高线越密集，地势越陡峭，等高线越稀疏，地势越平坦。

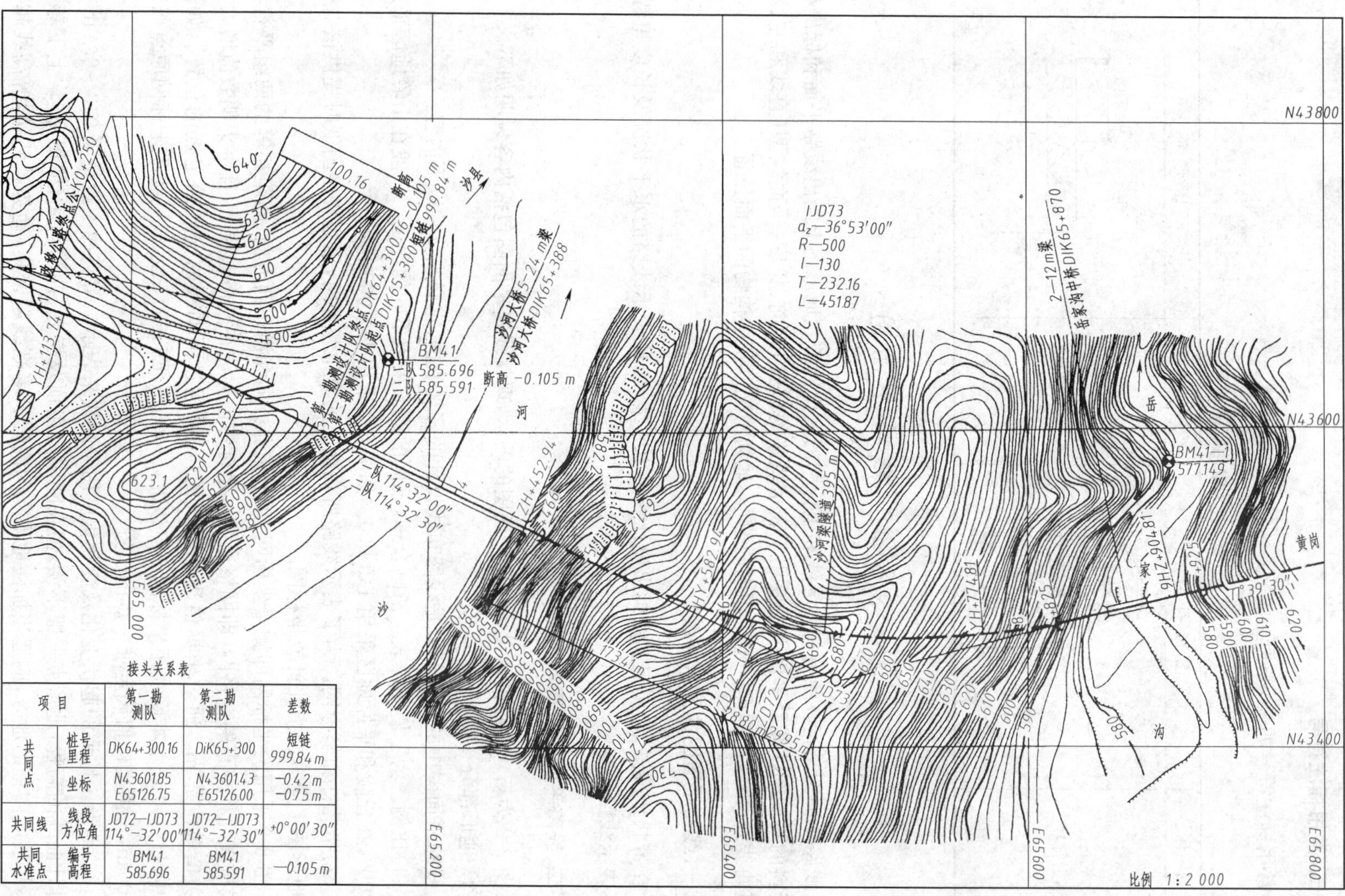

接头关系表

项目		第一勘测队	第二勘测队	差数
共同点	桩号里程	DK64+300.16	DiK65+300	短链 999.84 m
	坐标	N4360185 E65126.75	N4360143 E65126.00	−0.42 m −0.75 m
共同线	线段方位角	JD72—IJD73 114°−32′00″	JD72—IJD73 114°−32′30″	+0°00′30″
共同水准点	编号高程	BM41 585.696	BM41 585.591	−0.105 m

图8-2 线路平面图

(4)地物、地貌。地物、地貌用统一的图例来表示(如表 8-1)。常见的地物、地貌有河流、房屋、道路、桥梁、电力线、植被、供测量用的导线点、水准点等。桥梁、隧道、车站等建筑物还要在图中标注其所在位置的中心里程、类型、大小和长度等,如有改移道路、河道时,应将其中线绘出。对照图例可知,该地区有一条沙河从西南流向东北。沿线路附近每隔一段距离就设有一个水准点,用于线路的高程测量,如 ⊗ $\frac{\text{BM41-1}}{577.149}$,41-1 表示水准点的编号,该水准点高程为 577.149 m。

2. 线路部分

初测导线用细折线表示,线路中心线用粗线沿线路中心线画出。该部分主要表示线路的水平走向、里程及平面要素等内容。

(1)线路的走向。在图 8-2 中,可以看出该线路的走向为西北至东北。

(2)线路里程和百米标。为表示线路的总长度及各路段的长度,在线路上从起点到终点每隔 1 km 设千米标一个。千米标的里程前要标 DK(施工设计时用 DK,初步设计时用 CK,可行性研究用 AK)。如 DK64,即里程为 64 km。千米标中间整百米处设百米标。标注里程及百米标数字时,字头应朝向图纸左侧,数字写在线路右侧。两方案或两测量队衔接处,应在图上注明断链和断高关系。当产生断链时两个百米标间的实际长度不等于 100 m,较 100 m 长者为长链(超标),较 100 m 短者为短链(欠标)。

(3)平曲线。由于受自然条件的限制,铁路线在平面上有转折,在转折处需用一定半径的圆弧连接,线路转弯处的平面曲线称为平曲线,用交角点编号“JD_x”表示第几处转弯。如图8-3 中各要素意义(表示平曲线各特征点的字母是各特征点汉语拼音的缩写,如 ZH 代表直缓点)如下:

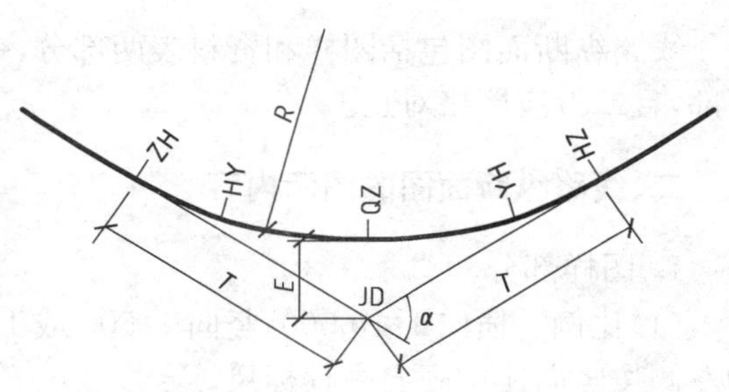

图 8-3　平曲线要素

JD——交角点;

α——转角或偏角(α_z 表示左偏角,α_y 表示右偏角),它是沿前进方向向左或向右偏转的角度;

R——圆曲线半径;

T——切线长,是切点与交角点之间的长度;

E——外矢距,是曲线中点到交角点的距离;

L——曲线长,是 ZH 点与 HZ 点间的曲线长;

l——缓和曲线长,是 ZH 点与 HY 点或 YH 点与 HZ 点之间的曲线长。

曲线资料绘于曲线内侧,注明交角点编号及 α、R、T、L、l 的数值(T、L 取至 cm)。曲线起终点和圆缓点、缓圆点的里程垂直线路书写在曲线内侧,一般只标加桩里程。

(4)接头关系表。在两勘测单位施工测量衔接处,绘制接头关系表,表明衔接关系。图 8-2 中的两勘测队接头处出现断链、断高现象,短链 999.84 m,断高 −0.105 m。

值得注意的是,由于铁路线路很长,不可能将整个路线平面图画在同一张图纸内,通常需在相应里程桩处断开。相邻图纸拼接时,应将线路中心对齐,接图线重合,并以正北方向为准。

§8-3 线路纵断面图

线路纵断面图是根据定测中线桩的地面标高和勘探取得的地质水文等资料，用一定的比例，把线路中心线展开后在铅垂面上的投影。它表示线路路肩标高在铅垂面上的具体位置。

由于线路中心线由直线和曲线所组成，因此用于剖切的铅垂面既有平面又有柱面。为了清晰地表达线路纵断面情况，特采用展开的方法将断面展开成一平面，然后进行投影，形成了线路纵断面图，其作用是表达线路中心处的地面起伏情况、地质状况、线路纵向设计坡度、竖曲线以及沿线构造物情况。

图 8-4 为新建铁路技术设计线路详细纵断面图的图示，现就线路纵断面图的图示特点和图示内容说明如下。

一、线路纵断面图的图示特点

线路纵断面图的水平横向表示线路的里程，竖直纵向表示地面线、设计线的标高，为清晰地显示出地面线起伏和设计线纵向坡度的变化情况，竖向比例应比横向比例放大 10 倍或更大。

线路纵断面图包括图样和资料表两部分，一般图样位于图纸的上部，资料表布置在图纸的下部，且二者应严格对正。

二、线路纵断面图的图示内容

1. 图样部分

(1)比例。横向 1∶10 000，竖向 1∶500 或 1∶1 000。为便于画图和读图，一般应在纵断面图的左侧按竖向比例画出高程标尺。

(2)地面线。图中用细实线画出的折线表示设计中心线处的地面线，是由一系列的中心桩的地面高程顺次连接而成的。

(3)设计线。图中的粗实线为线路的设计坡度线，简称设计线，由直线段和竖曲线组成。它是根据地形起伏、按相应的线路工程技术标准而确定的。

(4)竖曲线。设计线的纵向坡度变更处称为变坡点。在变坡点处，为确保行车的安全和平顺而设置的竖向圆弧称为竖曲线。竖曲线的设置情况如图 8-5 所示。

2. 资料表部分

为便于对照阅读，资料表与图样应上下对正布置，不能错位。资料表的内容可根据不同设计阶段和不同线路等级的要求而增减，通常包括下述内容：

(1)工程地质特征。按沿线工程地质条件分段，简要说明地形、地貌、地层岩性、地质构造、不良地质挖方边坡率、路基承载能力、隧道围岩分类和主要处理措施。

(2)路肩的设计高程。设计线上各点的高程是指路肩设计高程。比较设计线与地面线的相对位置，可确定填、挖地段和填、挖高度。

(3)设计坡度。坡度一般为整数，在坡度减缓地段及困难地段可以用至一位小数。坡长只在有超欠标处才允许用零数。如图 8-4 中所示有三坡段(本图中只有第二坡段绘出了全长)，第一段坡长 1400 m，坡度为 2‰，第二段坡度为 0，坡长为 400.16 m，第三段坡度为 3‰，坡长为 950 m。其中第二段出现断链，为短链 999.84 m。

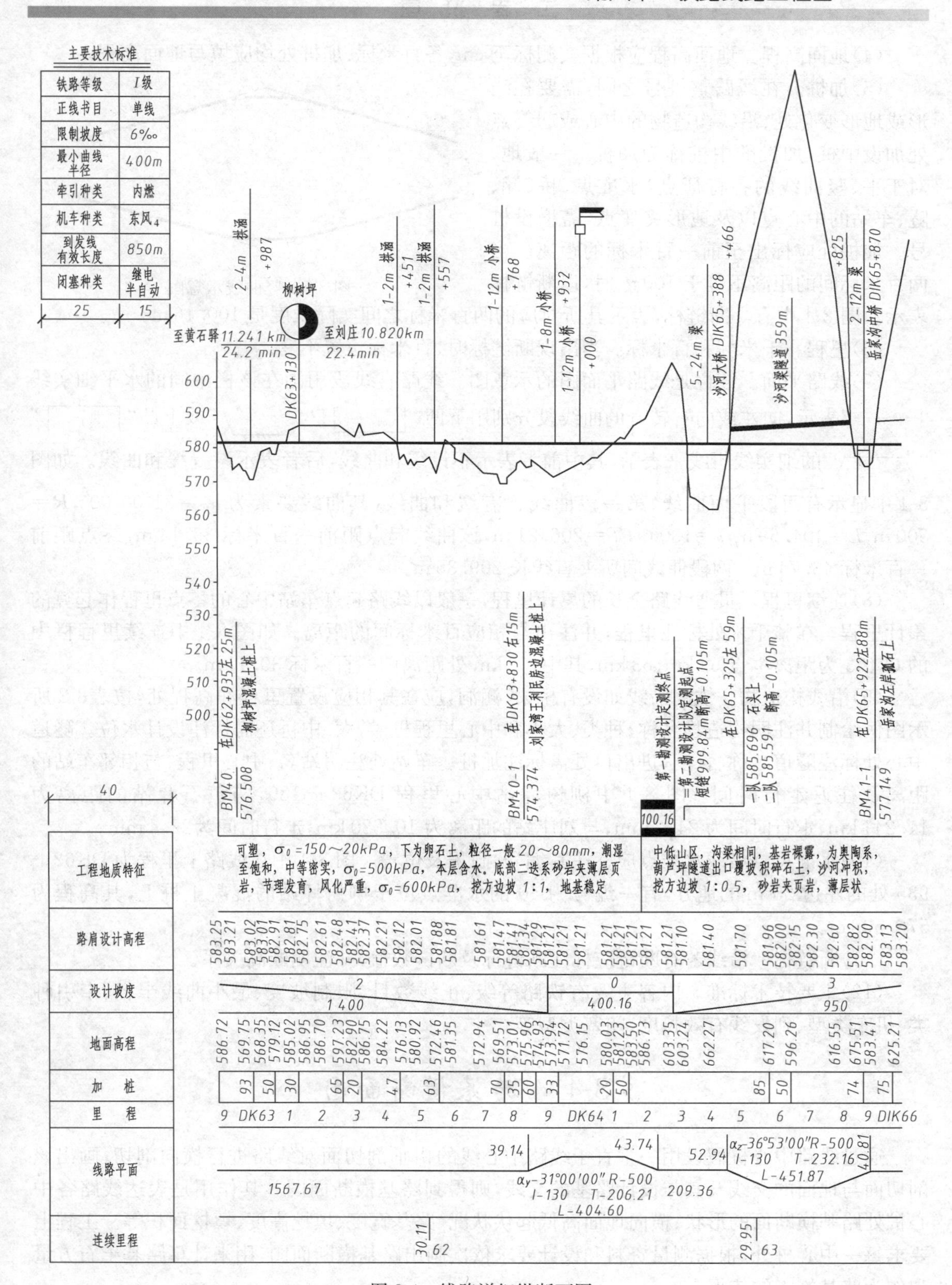

图 8-4　线路详细纵断面图

(4)地面高程。地面高程应根据实测标至cm，各百米标、加桩处均应填写地面高程。

(5)加桩。在线路整桩号之间，需要在线形或地形变化处、沿线构造物的中心或起终点处加设中桩，加设的中桩称为加桩。一般地，对于平、竖曲线的各特征点，水准点，桥、涵、隧、车站的中心点以及地形突变点，需增设桩号。加桩处应标出至前一百米标的距离。当两百米标间的距离不等于100 m时，以断链标表示。图8-4中有一断链标，表示其所对应的两百米标之间实际长度是100.16 m。

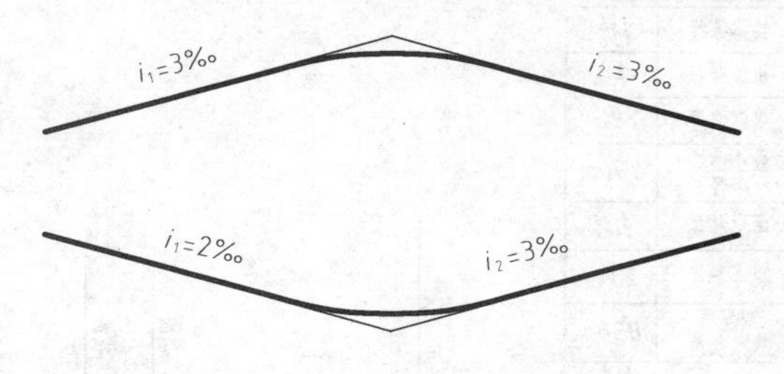

图8-5　竖曲线示意图

(6)里程。千米标和百米标。当出现断链标时，百米标位置不变。

(7)线路平面。该栏是线路平面图的示意图。线路直线段用画在该栏中间的水平细实线"———"表示，向左或向右转弯的曲线段分别用下凹"└──┘""╲__╱"或上凸"┌──┐""╱‾‾╲"的细实线折线来表示，其中前者表示不设缓和曲线，后者表示设置缓和曲线。如图8-4中显示有两段平面曲线，第一段曲线含有缓和曲线，其曲线要素为$\alpha_y=31°00'00''$，$R=500$ m，$L=404.60$ m，$l=130$ m，$T=206.21$ m，该曲线起点距前一百米标39.14 m，终点距前一百米标43.74 m。两段曲线间所夹直线长209.36 m。

(8)连续里程。贯通线路全长的累计里程，一般以线路起点车站中心的零点里程作起算的累计里程。在整千米处标注里程，并注出与相应百米标间的距离。如图8-4中连续里程栏中的62、63为距离零点62 km、63 km，其中，62 km处距离前一百米标30.11 m。

(9)沿线构造物。铁路沿线如设有桥梁、涵洞，应在其相应设置里程和高程处，按表8-2所示图例绘制并注明构造物名称、种类、大小和中心里程桩号，大、中桥还需标注设计水位。隧道中心处标注隧道名称、长度，进出口处需标注加桩。车站处注明站名、中心里程、与相邻车站的距离及往返走行时间。图8-4中柳树坪站中心里程DK63＋130，与黄石驿站的距离为11.241 km，走行时间为24.2 min，与刘庄站的距离为10.820 km，走行时间为22.4 min。

(10)水准点。沿线水准点应标注其编号、高程及位置。图8-4中在线路上里程为DK62＋935处的左边25 m的地方，有一编号为40的水准点位于柳树坪站的混凝土桩上，其高程为576.508 m。

(11)断链标。沿线若有断链应标注断链标及断链数值，并注明断高关系。

(12)主要技术标准。内容主要有铁路等级、正线数目、限制坡度、最小曲线半径、牵引种类、机车类型、到发线有效长度、闭塞类型等。

§8-4　路基横断面图

通过线路中心桩假设用一垂直于线路中心线的铅垂剖切面对线路进行横向剖切，画出该剖切面与地面的交线及其与设计路基的交线，则得到路基横断面图。其作用是表达线路各中心桩处路基横断面的形状、横向地面高低起伏状况、路基宽度、填挖高度、填挖面积等。工程上要求每一中心桩处，根据测量资料和设计要求依次画出路基横断面图，用来计算路基土石方量和作为路基施工的依据。

一、路基横断面图的形式

视设计线与地面线的相对位置不同，路基横断面图有以下几种形式：

1. 填方路基，又称路堤。设计线全部在地面线以上，如图 8-6(a)所示。

2. 挖方路基，又称路堑。设计线全部在地面线以下，如图 8-6(b)所示。

此外，随着地形横断面的不同，还有半路堤[8-6(c)]、半路堑[8-6(d)]、半堤半堑[8-6(e)]以及不填不挖[8-6(f)]的零点断面(即不填不挖路基)。

二、路基横断面图的图示特点

在路基横断面图中地面线一律用细实线表示，设计线用粗实线表示。在同一张图纸内绘制的多个路基横断面图，应按里程桩号顺序排列，从图纸的左下方开始，先由下而上，再自左向右均匀排列，如图 8-7 所示。

三、路基横断面图示内容

路基横断面图中除应绘制地面线及线路中心线、路基面、边坡和必要的台阶、侧沟、侧沟平台、路拱设计线外，还应填绘地质资料、水文资料和既有建筑物。线路中心线下应标注正线里程、填挖高度、填挖全面积或半面积，图中还应标注相应的尺寸、坡度、高程及简要说明。如图 8-8 所示，路基面宽度为 3.20＋3.35＝6.55 m，路堤边坡为 1∶1.5 和 1∶1.75 两种，路堑边坡为 1∶1，路肩高程为 120.82 m，侧沟底面宽 0.4 m、深 0.6 m，平台宽 1.0 m。该断面里程为 DK38＋493，填土高度 0.55 m，填土面积 41.4 m^2，挖土面积 20.2 m^2。

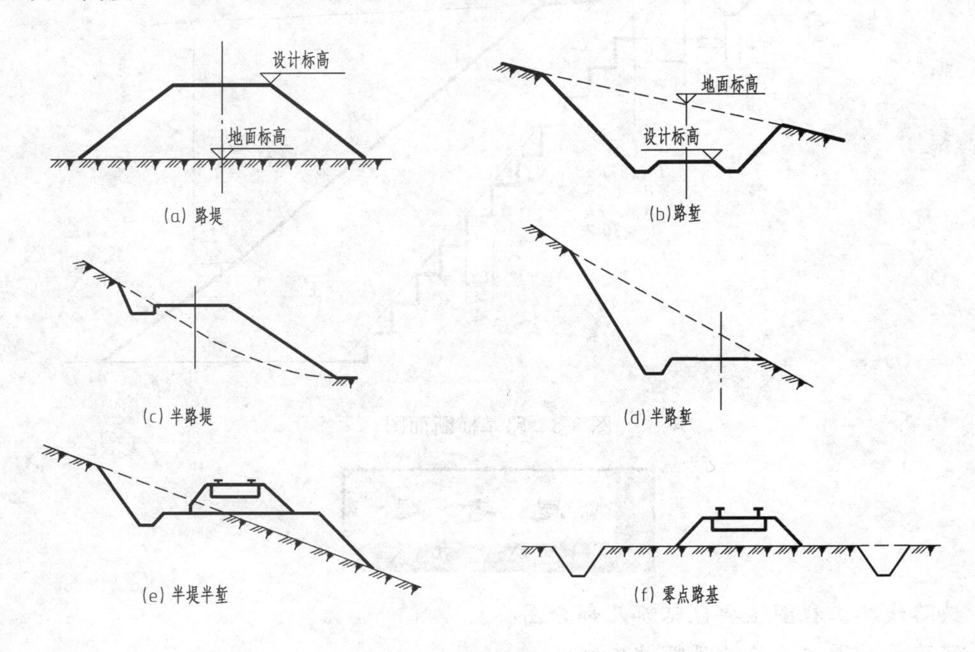

图 8-6　路基横断面类型

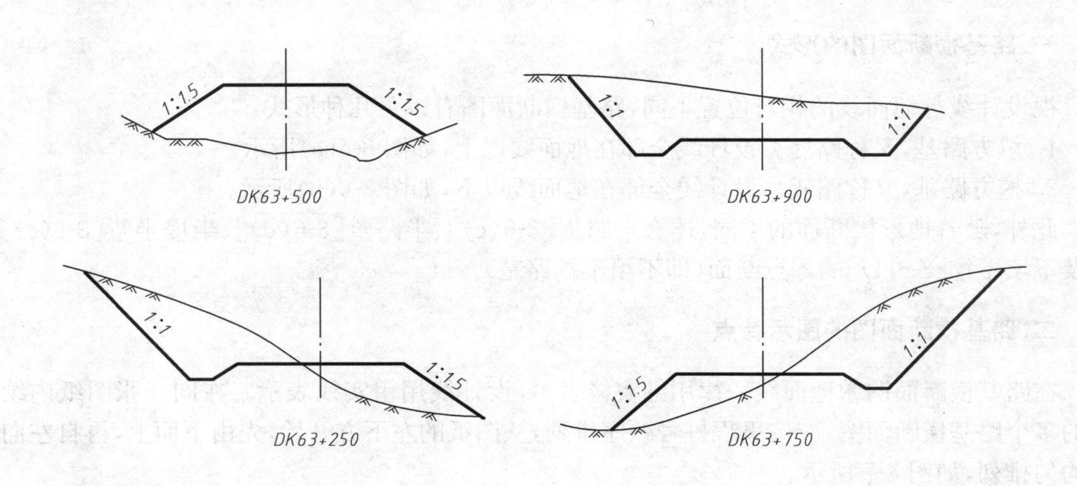

图 8-7 路基横断面图的排列

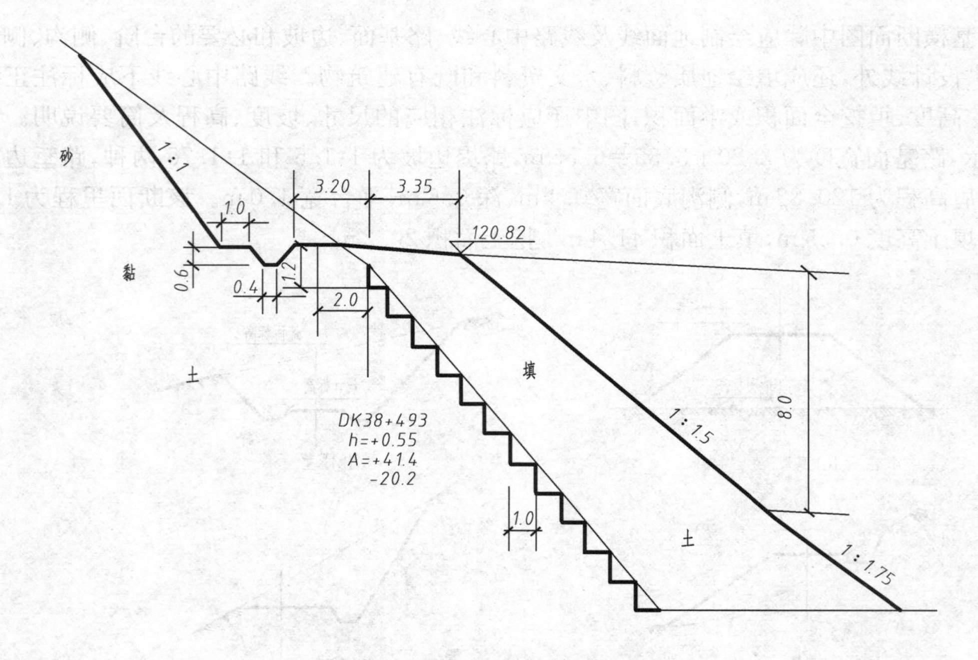

图 8-8 路基横断面图

思 考 题

1. 铁路线路工程图主要包括哪几部分图样?
2. 线路平面图主要表达了哪些内容?
3. 线路纵断面图由几部分组成,各自的绘图比例有何规定?
4. 路基横断面图主要有哪几种形式,一般在路基横断面图上需要标注哪些内容?

第九章

钢筋混凝土结构图

用水泥、砂石和水按一定的比例配置而成的材料称为混凝土材料。混凝土抗压强度高，但抗拉性能差。为了提高混凝土的抗拉强度，在混凝土中配置一定数量的钢筋，使其与混凝土形成一整体，共同承受外力。工程上把由钢筋和混凝土组合而成的构件称作钢筋混凝土构件。

为了把钢筋混凝土构件的结构表达清楚，需要画出钢筋结构图，简称钢筋图或配筋图。钢筋图的图示内容为：钢筋的布置情况、钢筋的编号、尺寸、规格、根数、技术说明等。

一、钢筋的基本知识

1. 混凝土强度等级

混凝土按其抗压强度分为C10、C15、C20、C25、C30、C35、C40、C45、C50、C60十个等级，数值越大，抗压强度越高。

2. 钢筋的强度等级

钢筋按其强度和材料品种的不同分成不同等级，并分别用不同的直径符号表示，表9-1为钢筋级别和直径符号。

表9-1　钢筋级别和直径符号

级别	钢 筋 材 料	符号	钢筋的形状
Ⅰ	Q235	Φ	光圆
Ⅱ	16锰、16硅钛、16硅钒	Φ	人字纹
Ⅲ	25锰、25硅钛、20硅钒	Φ	人字纹
Ⅳ	44锰2硅、15硅2钛、40硅2钛、45锰硅钒	Φ	光圆或人字纹

3. 钢筋的作用与分类

如图9-1所示，按钢筋在构件中的不同作用可分为：

(1)受力筋(主筋)。用来承受主要拉力，在梁、柱、板等各种构件中均有配置，其形状可分为直钢筋和弯折钢筋两种。

(2)箍筋(钢箍)。承受剪切力并可固定受力筋的位置。箍筋多用于梁和柱中。

(3)架立筋。一般用来固定梁内箍筋的位置，与受力筋、箍筋一起构成钢筋骨架。

(4)分布筋。一般用于板式结构中，与板中受力筋垂直布置，固定受力筋的位置，使荷载均匀分布给受力筋，并防止混凝土收缩和温度变化出现的裂缝。

4. 钢筋的保护层

为了防止钢筋锈蚀，提高耐火性以及加强钢筋与混凝土的黏结力，钢筋的外边缘到构件表

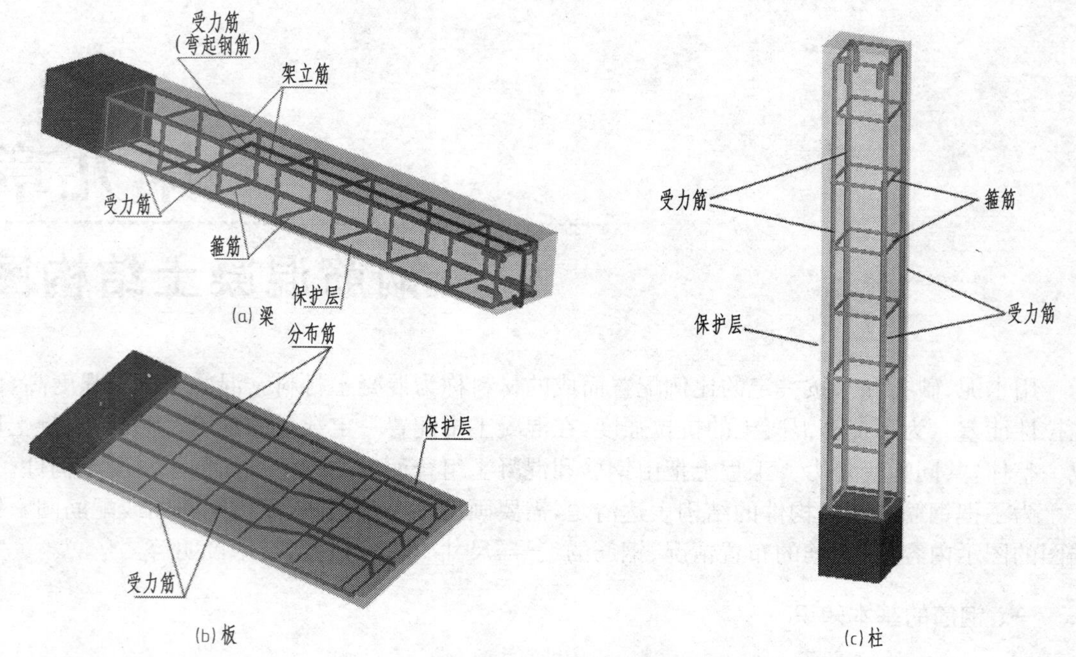

图 9-1　钢筋的分类

面应有一定厚度的保护层，如图 9-1 所示。梁和柱的保护层最小厚度为 25 mm，板和墙的保护层厚度为 10～15 mm。在结构图中不必标注出保护层厚度。

5．钢筋的弯钩和弯折

为使钢筋与混凝土之间具有良好的黏结力，对于光圆外形的受力钢筋，应在其两端做成弯钩。弯钩的形式有半圆弯钩和直弯钩，在桥梁工程中有时还用到斜弯钩。各种弯钩的形式与画法如图 9-2(a)所示。

有些受力筋需要在梁内弯折，弯折钢筋的形式与画法如图 9-2(b)所示。

有弯钩的钢筋，在计算其长度时要考虑弯钩的增长值，弯折钢筋要计算长度折减值。增长值和折减值可查阅标准手册或专业书籍。

6．钢筋的表示方法

一般钢筋的表示方法如表 9-2 所示。

表 9-2　一般钢筋表示方法

序号	名　称	图　例	说　明
1	钢筋横断面	•	
2	无弯钩的钢筋端部		当长、短钢筋投影重叠时，短钢筋的端部用 45°斜划线表示
3	带半圆形弯钩的钢筋端部		
4	带直钩的钢筋端部		
5	带丝扣的钢筋端部		
6	无弯钩的钢筋搭接		
7	带半圆弯钩的钢筋搭接		
8	带直钩的钢筋搭接		

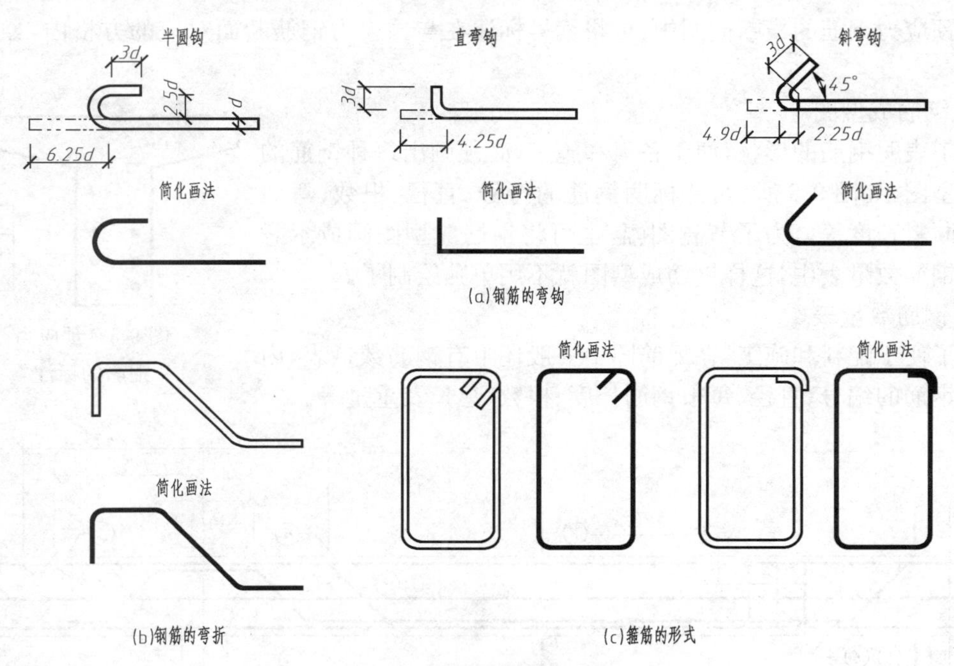

图 9-2　钢筋的弯钩和弯折

二、钢筋混凝土结构图的图示内容

1. 图示特点

为了清晰地表达钢筋混凝土构件内部钢筋的布置情况，在绘制钢筋图时，假想混凝土为透明体，用细实线画出构件的外形轮廓，用粗实线画出钢筋（钢箍用中实线），在断面图中，钢筋被剖切后，用小黑点表示。

钢筋图一般包括平面图、立面图、断面图和钢筋成形图。如果构件形状复杂，且有预埋件时，还要另画构件外形图，称为模板图。

钢筋图的数量根据需要来决定，如画混凝土梁的钢筋图，一般只画立面图和断面图即可。

2. 钢筋的编号和尺寸标注

为了区分各种类型和不同直径的钢筋，钢筋图中需对每种钢筋加以编号并在引出线上注明其规格和间距。钢筋编号和尺寸标注方式如图 9-3、图 9-4 所示。

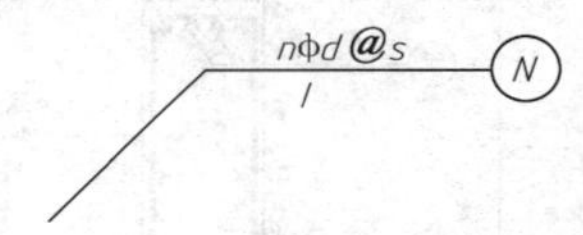

图 9-3　钢筋标注意义

n—钢筋根数；
Φ—钢筋等级符号；
d—钢筋直径(mm)；
@—相等中心距符号；
s—相邻钢筋中心距(mm)；
l—钢筋长度(mm)；
N—钢筋编号(其中 N 的细线圈直径为 6～8mm)。

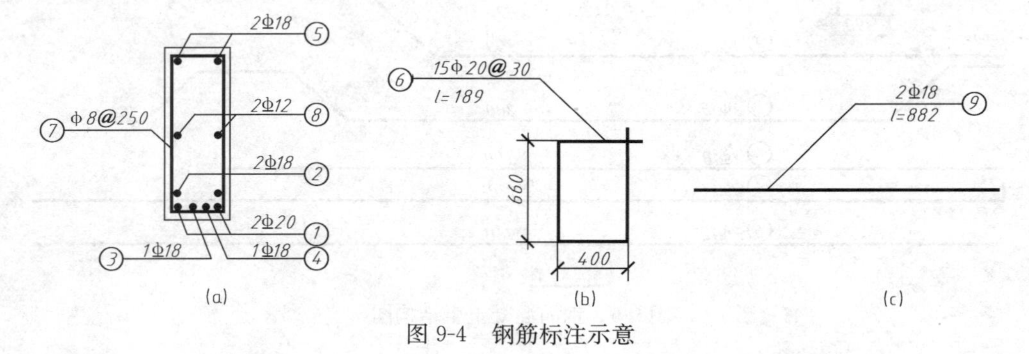

图 9-4　钢筋标注示意

在预应力钢筋的横断面图中，可将编号标注在与预应力钢筋断面对应的方格内，如图 9-5 所示。

3. 钢筋成型图

为了表明钢筋的形状，便于备料和施工，必须画出每种钢筋的加工成型图，如图 9-6 所示，并标明钢筋的符号、直径、根数、弯曲尺寸及断料长度等。为了节省图幅，也可将钢筋成型图画成示意图放在钢筋数量表中，这样钢筋成型图就不用单独绘制了。

4. 钢筋数量表

为了便于配料和施工，在配筋图中一般还附有钢筋数量表，内容包括钢筋的编号、直径、每根钢筋长度、根数、总长及重量等。

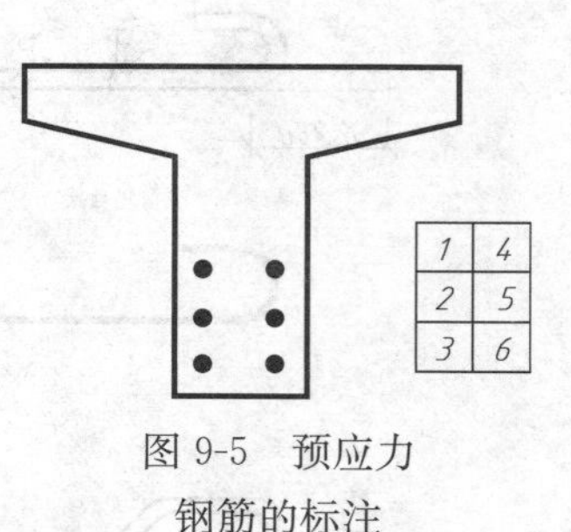

图 9-5　预应力钢筋的标注

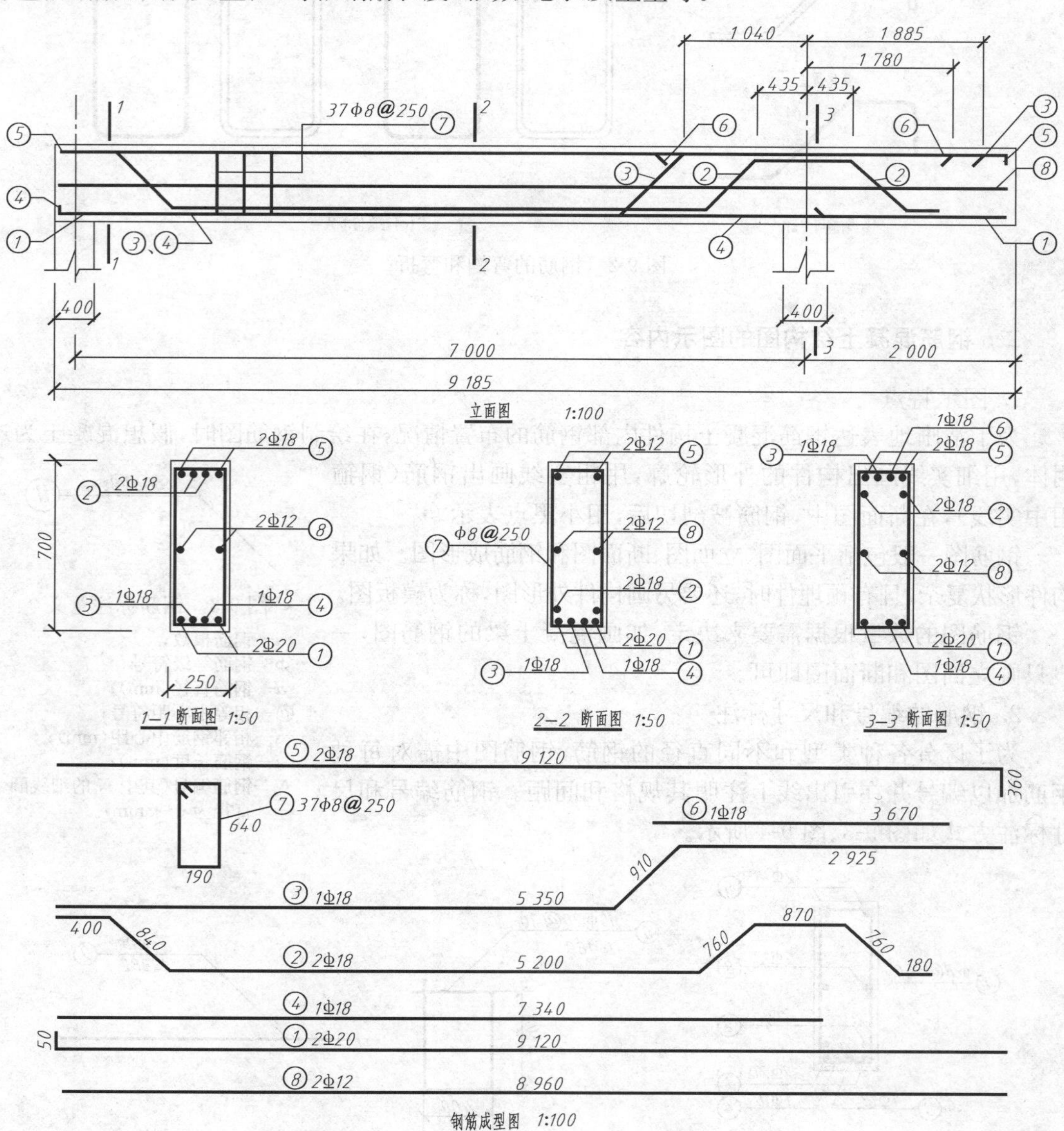

图 9-6　钢筋混凝土梁结构图

三、钢筋结构图识读

图 9-6 为钢筋混凝土梁的结构图，下面结合图中所示的梁，说明钢筋混凝土构件图的读图要点。

1. 总体了解

图中用立面图和 1—1～3—3 断面图表明了钢筋配置情况，用钢筋成型图表明了各编号不同的钢筋形状，以便钢筋的备料和施工。

由立面图可知梁的跨度为 7 000 mm，总长为 9 185 mm。由 1—1 断面图可知梁宽 250 mm，梁高 700 mm。

2. 配筋情况

将立面图、1—1～3—3 断面图、钢筋成型图结合起来识读，便可了解清楚钢筋的配置情况。

(1)受力筋。该梁配有 7 根Ⅱ级钢筋作为受力筋：梁下边缘配有 2 根①号、1 根④号直钢筋，主要承受拉力；2 根在左支座和右支座处均弯折的②号钢筋，用以承受支座处的剪力；1 根在右支座处弯折的③号钢筋以及⑥号直钢筋，用以提高右支座处的抗弯能力。

立面图中，2 根②号钢筋的投影重合。

(2)架立筋。梁上边缘的 2 根⑤号Ⅱ级钢筋为架立筋。在立面图中，两根钢筋的投影重合。

(3)构造筋。由于梁较高，所以在梁的中部加了 2 根⑧号Ⅱ级钢筋为构造筋，该两钢筋在立面图中投影重合。

(4)箍筋。⑦号Ⅰ级钢筋为箍筋。箍筋采用ф8@250 均匀布置在梁中。立面图中箍筋采用了简化画法，只画 3～4 道箍筋，但注明了根数、直径和间距(37ф8@250)。

3. 钢筋数量表

如表 9-3 所示，梁的钢筋数量表中应注明钢筋的编号、直径、根数、每根长度、总长及重量。

表 9-3　钢筋数量表

编号	钢号和直径(mm)	长度(cm)	根数	总长度(m)	每米重量(kg/m)	总长度重量(kg)
①	Φ20	9 170	2	18.34	2.47	45.30
②	Φ18	9 010	2	18.02	2.00	36.04
③	Φ18	9 185	1	9.185	2.00	18.37
④	Φ18	7 340	1	7.34	2.00	14.68
⑤	Φ18	9 480	2	18.96	2.00	37.92
⑥	Φ18	3 670	1	3.67	2.00	7.34
⑦	ф8	1 860	37	68.82	0.39	26.84
⑧	Φ12	8 960	2	17.92	0.89	15.91
总重量(kg)						202.40
绑扎用铅丝 0.5%						0.95

1. 钢筋是如何分类的？按其在构件中的作用不同可以分为哪几类？
2. 什么叫钢筋的弯钩、弯起、保护层？
3. 钢筋布置图有何特点？主要有哪几部分内容？
4. 钢筋布置图中构件和钢筋的尺寸是如何标注的？
5. 如何识读结构和构件的钢筋布置图？

第十章 桥梁工程图

道路路线在其跨越山谷、河流、湖泊及其他线路时，就需要修筑桥梁。桥梁的作用就是保证线路的畅通，同时又可以保证桥下渲泄流水及船只的通航或其他路线的正常运行。

桥梁由上部结构（主梁和桥面系）、下部结构（桥墩、桥台和基础）以及附属结构（锥体护坡、护岸等）三个部分组成。桥梁工程图包括全桥布置图、桥墩图、桥台图及桥跨结构图。本章主要介绍桥梁工程图的图示特点及内容，使读者能掌握桥梁工程图的识读及画法。

§10-1 全桥布置图

一、桥位图

在桥址地形图上，画出桥梁的平面位置以及与线路、周围地形、地物之间关系的图样叫桥位图，它是设计桥梁、施工定位的依据。这种图一般采用较小的比例，如1：500、1：1 000、1：2 000等，地物均采用图例符号来表示。

如图10-1所示，该桥位处的西南和东南处地势相对较高，为山坡地形。中间地段平缓，一条清水河从中间流过，河水流向为从东南向西北。河东岸有农田、池塘、车道、房屋等地物，河西岸有果园等。图中粗实线表示线路的中心线。由图可知，该桥梁位于直线段上，中心里程为0＋738.00。桥梁两侧各有一水准点，表示了桥梁所在位置的高程。孔1、孔2、孔3为桥墩的钻孔桩号。

二、全桥布置图

全桥布置图是简化了的全桥主要轮廓的投影图。主要表明桥梁的形式、跨径、孔数、总体尺寸、各主要构件的相互位置关系，桥梁各部分的标高以及总的技术说明等，是桥梁施工时确定墩台位置及构件安装和标高控制的依据。

全桥布置图由立面图和平面图组成，如图10-2所示。立面图是垂直于线路方向向桥孔投影而得到的，它反映了全桥的概貌。平面图为基顶剖面图，是用水平剖切面沿每一个墩台的墩（台）身与基础顶相结合处剖切向下投影而得到的。

从图10-2得知：

(1)该桥全长97.8 m，有3孔，梁长分别为25.6 m和32.6 m，为简支梁桥。

(2) 桥台为重力式T形桥台，桥墩为矩形桥墩。墩台基础均采用了明挖扩大基础。

(3) 立面图中标明了桥梁的中心里程和墩台的相关里程，并注明了轨底标高、路肩标高、顶帽垫石标高和基底标高等。

(4) 平面图中，无论桥梁设在线路的直线段还是曲线段上，其线路中心线均画成由左至右

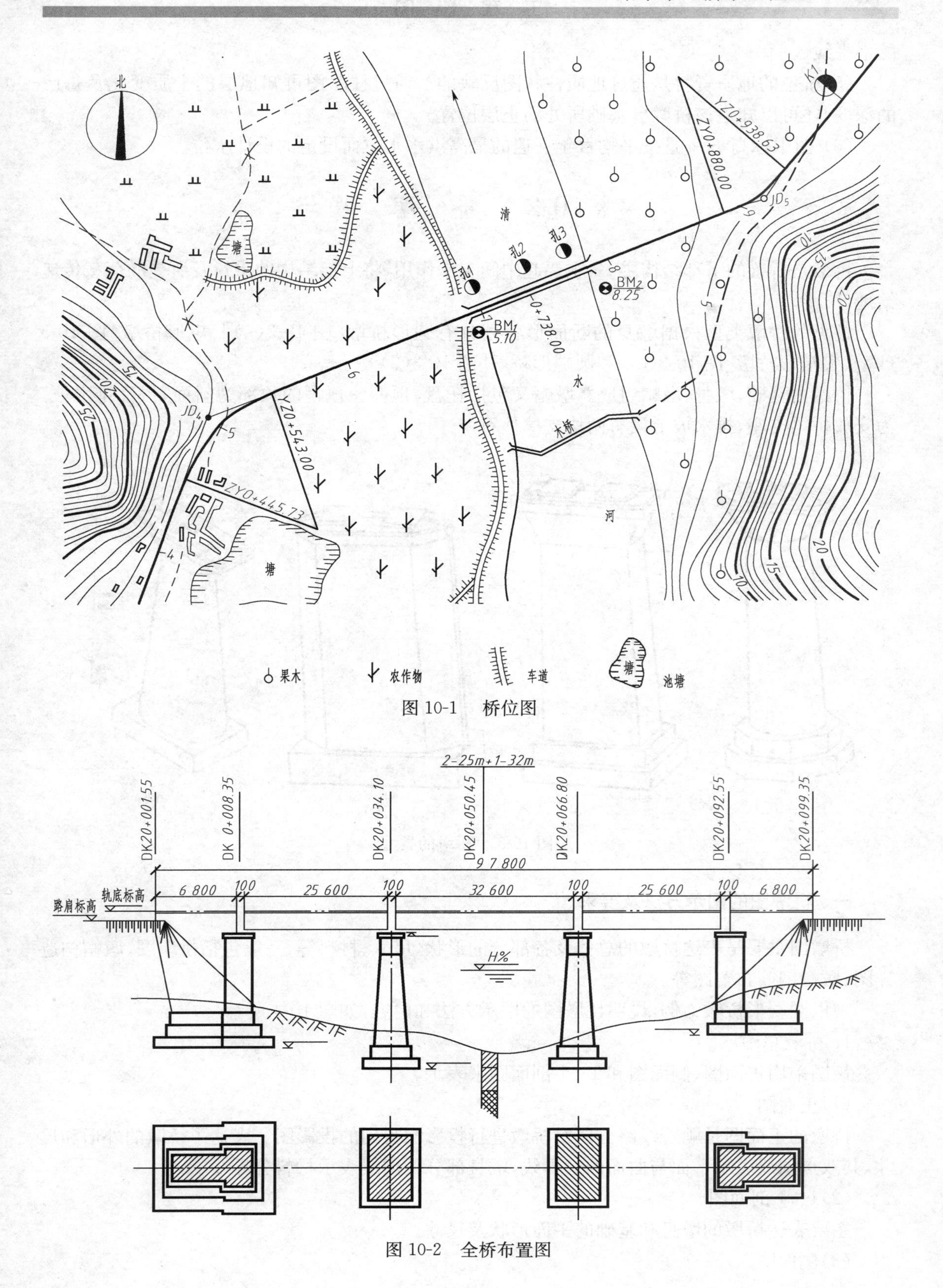

图 10-1　桥位图

图 10-2　全桥布置图

的水平线。

(5)桥位的地质资料是通过地质柱状图反映的。通过柱状图可知地层的土质变化及每层的深度,还可以知道该桥墩台基础所处的土层位置。

(6) 图中标高 $H\%$是按平均百年一遇的最高洪水水位而设定的设计水位。

§10-2 桥 墩 图

桥墩是桥梁的下部结构之一,主要起中间支承作用,将上部结构的重量及所受的荷载传递给地基。

常见的桥墩类型根据墩身的断面形状划分有圆形桥墩[图 10-3(a)]、矩形桥墩[图 10-3(b)]、尖端形桥墩[图 10-3(c)]和圆端形桥墩[图 10-3(d)]。

桥墩由基础、墩身、墩帽组成。墩帽又包括托盘、顶帽。顶帽的顶部为斜面,俗称排水坡。为安放桥梁支座,排水坡上设有两块支撑垫石。

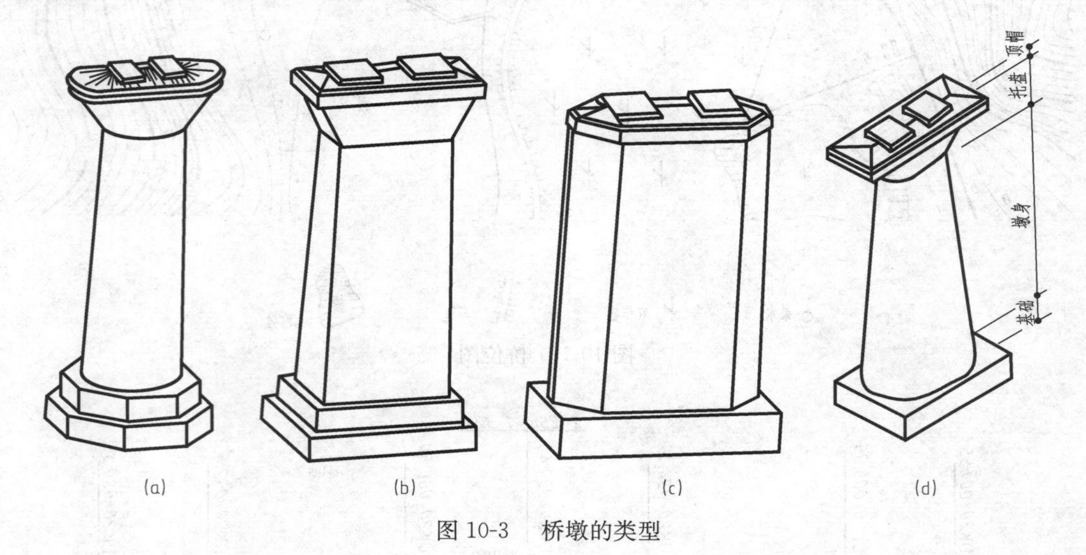

图 10-3 桥墩的类型

一、桥墩图的图示方法及要求

桥墩图主要是表达桥墩的总体及各部分的形状、尺寸、材料等,一般包括桥墩图、墩帽构造详图、墩帽钢筋布置图等。

现以圆端形桥墩为例,说明桥墩图的图示方法和内容,如图 10-4 所示。

1. 桥墩总图

该图采用正面图、侧面图和 1—1 剖面图来表示。

(1)正面图

桥墩的正面图是顺着线路方向对桥墩进行投影而得到的投影图。表达了桥墩的外形和尺寸,其双点划线表示平面与曲面的分界线,墩身部分的虚线表示材料分界线。

(2)1—1 剖面图

主要表达桥墩的墩身和基础的平面形状及尺寸。

(3)侧面图

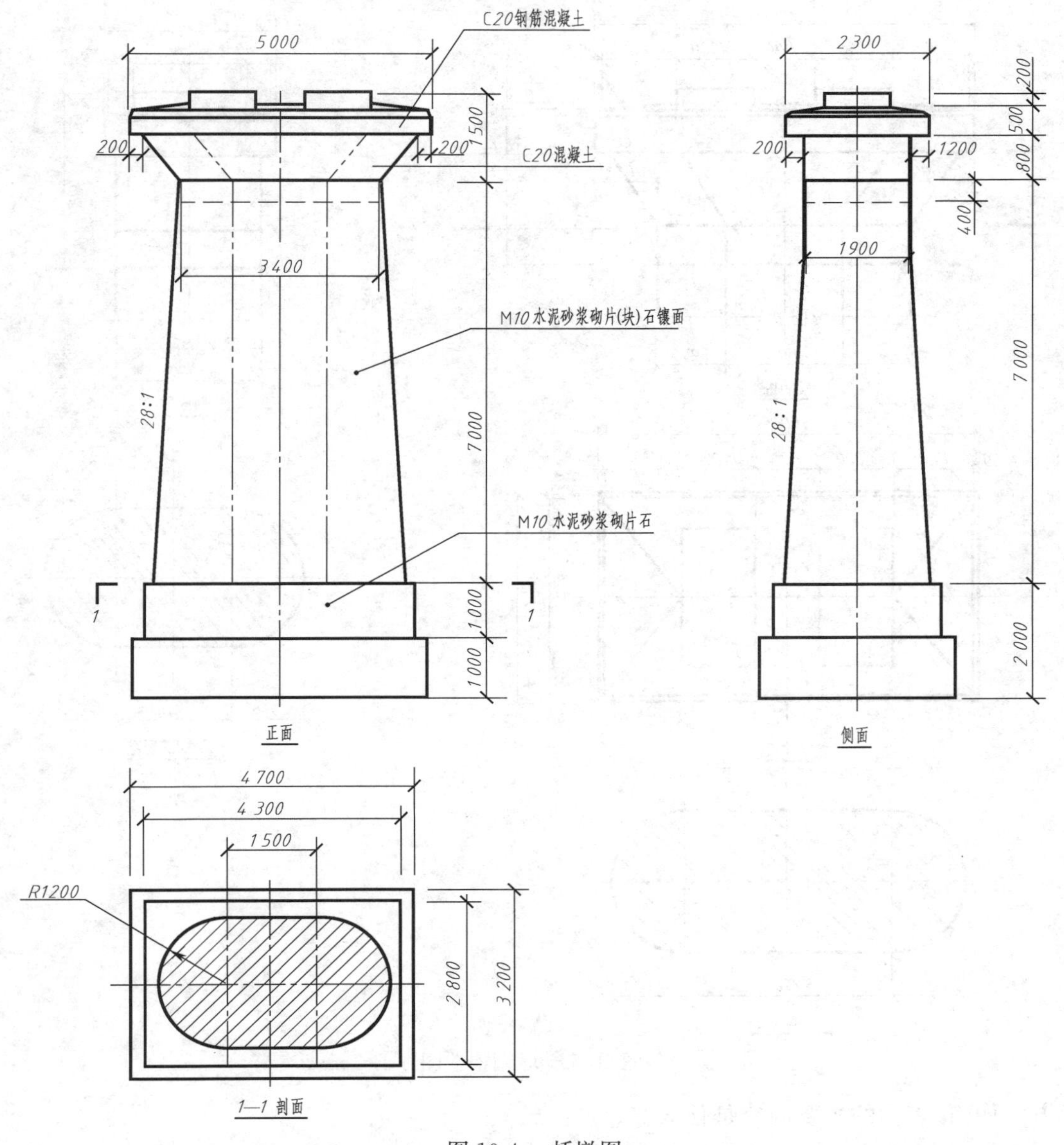

图 10-4　桥墩图

侧面图是垂直于线路方向对桥墩进行投影而得到的投影图，主要表达了桥墩的侧面形状和尺寸。

2. 墩帽构造详图

图 10-5 为墩帽构造详图，由五个投影图构成，即正面图、平面图、侧面图以及 1—1 和 2—2 两个断面图。该图主要表达了顶帽、托盘的形状和尺寸。

二、桥墩图的识读

现以图 10-4 和图 10-5 为例，介绍读桥墩图的方法和步骤。

1. 读标题栏和附注说明。了解桥墩的名称、绘图比例及材料要求等。

2. 了解桥墩图的表达方法。明确该图包括哪几个投影图、剖面图或断面图。每个图的投

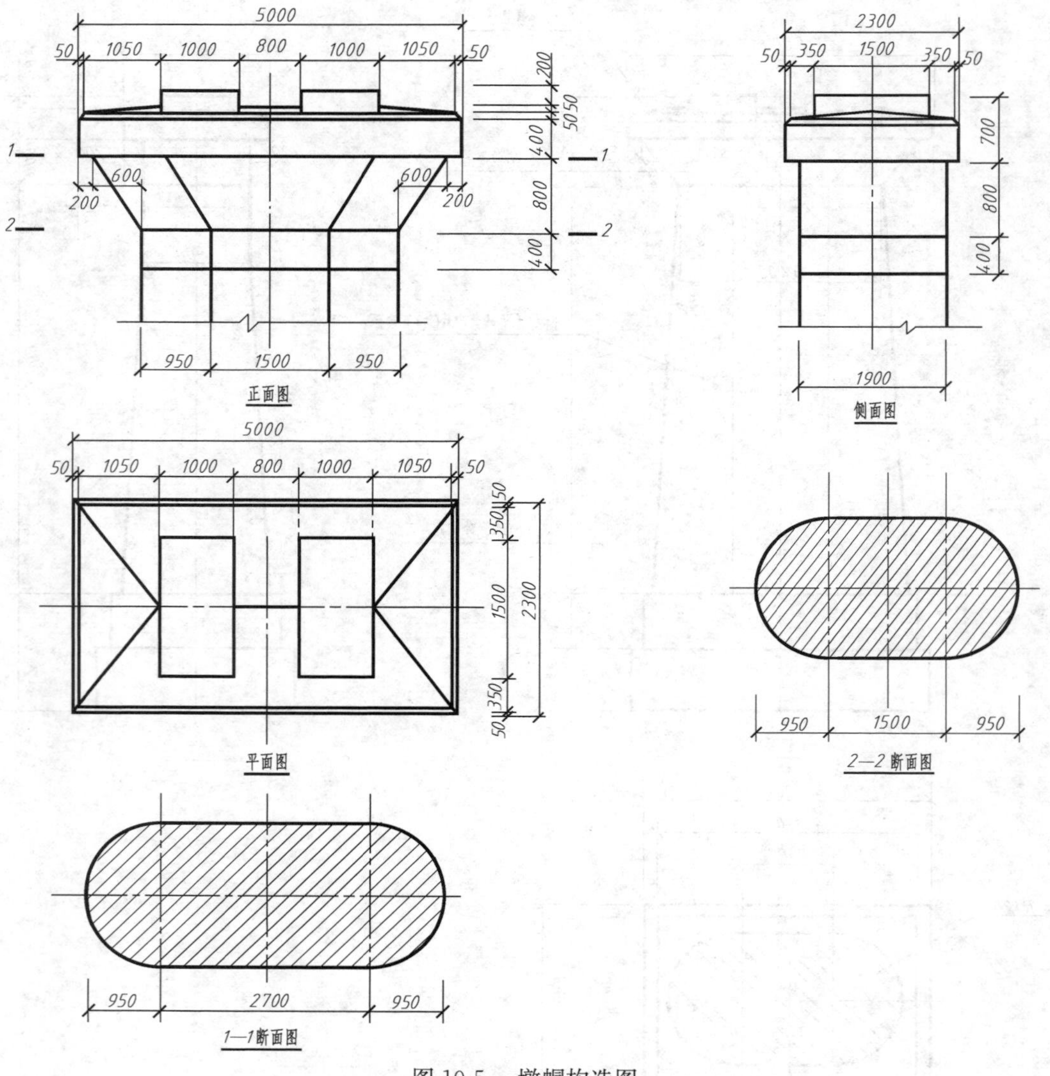

图 10-5 墩帽构造图

影方向如何、表达的主要内容是什么等。

3. 运用合适的读图方法进行详细分析。本图采用形体分析法，将桥墩按其结构分为基础、墩身、墩帽三部分。

(1)基础

由图 10-4 可知，基础分两层，每层高 1 000 mm，为矩形明挖扩大基础。底层基础长 4 700 mm，宽 3 200 mm；第二层基础长 4 300 mm，宽 2 800 mm。每层基础在前后、左右方向上对称布置。

(2)墩身

在图 10-4 中，由正面图及 1—1 剖面图可知，墩身高 7 000 mm，为圆端形截面。底面半圆半径为 1 200 mm，两半圆之间的距离为 1 500 mm。顶面半圆半径为 950 mm，两半圆之间的距离仍为1 500 mm。

(3)墩帽

墩帽的详细形状和尺寸由图 10-5 墩帽构造详图得知。墩帽分为下部托盘和上部顶帽两部分。

①托盘

托盘顶面和底面的形状，由图 10-5 中的 1—1 和 2—2 断面确定，均为圆端形。两半圆的半径均为 950 mm。不同的是两端半圆之间的距离，底面为 1 500 mm，顶面为 2 700 mm。托盘的高度为 800 mm。

②顶帽

顶帽总长 5 000 mm，总宽 2 300 mm，总高 700 mm。其中下部为一 5 000 mm×2 300 mm×400 mm 的长方体，其上为高 50 mm 的抹角，顶部为 50 mm 高的排水坡。排水坡顶部设有两块长 1 000 mm、宽1 500 mm的矩形支撑垫石。

4. 综合以上分析，想像出整个桥墩的轮廓形象。

§10-3　桥　台　图

桥台是桥梁两端的支承部分，是桥梁与线路路基的连接部分，同时还阻挡路基填土，承受填土压力，如图 10-6 所示。

桥台的基本形式按台身断面形状分有 T 形桥台、矩形桥台、十字形桥台和 U 形桥台等，如图 10-7 所示。

虽然桥台的形式各异，但它们主要都由基础、台身、台顶三部分组成。现以 T 形桥台为例，简单介绍桥台的构造：

1. 基础。可采用明挖扩大基础、沉井基础、桩基础等。

2. 台身。桥台基础以上、顶帽以下部分为台身，包括前墙、后墙及托盘三部分。

3. 台顶。由部分后墙、顶帽、道砟槽组成。

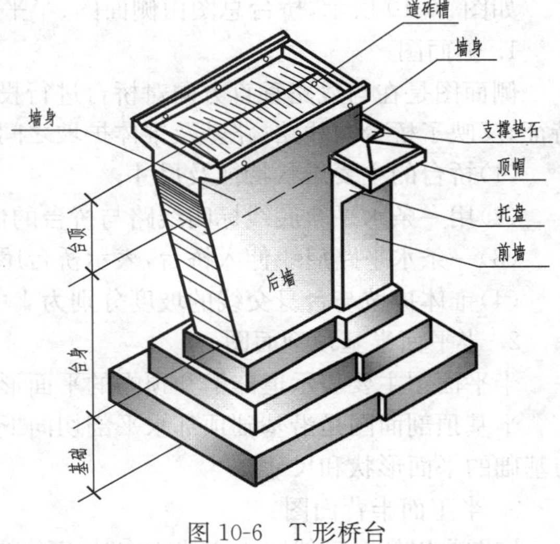

图 10-6　T 形桥台

道砟槽置于桥台后墙顶部，形状如图 10-8 所示，其前后为端墙，两侧为挡砟墙。在挡砟墙下部设有泄水孔。道砟槽的底部为中间高，两边低的斜面，内设防水层。道砟槽的端墙与挡砟墙连接处的构造见图 10-9。

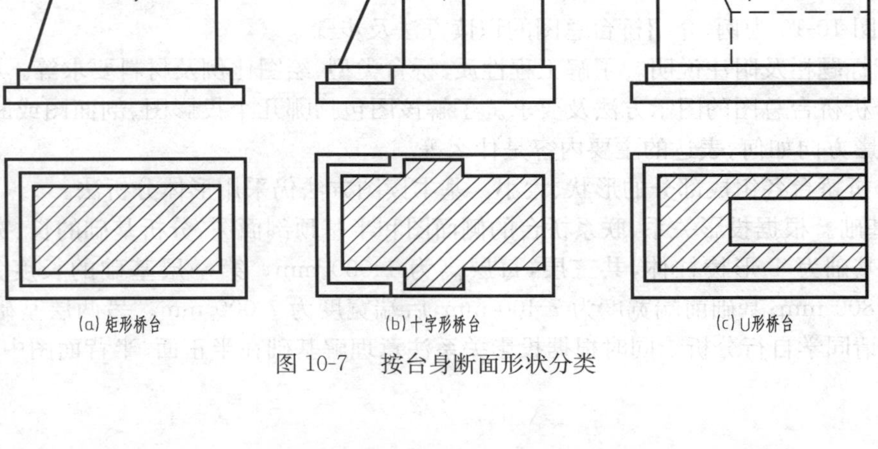

(a) 矩形桥台　(b) 十字形桥台　(c) U形桥台

图 10-7　按台身断面形状分类

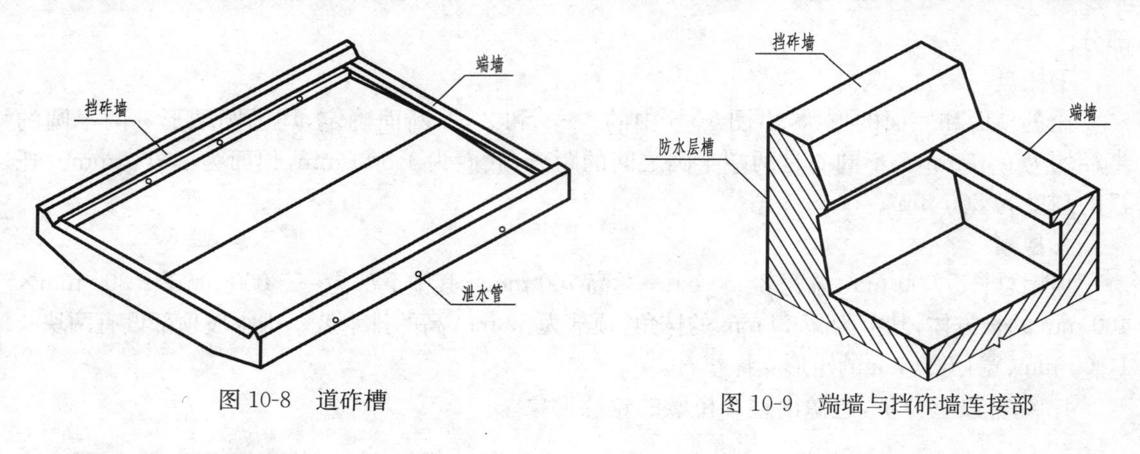

图 10-8　道砟槽　　　　图 10-9　端墙与挡砟墙连接部

一、桥台的图示方法与要求

桥台图一般有桥台总图、台顶构造详图和台顶钢筋布置图。现以 T 形桥台为例，介绍桥台总图。

如图 10-10 所示，桥台总图由侧面图、半平面和半基顶剖面图、半正面半背面图组成。

1. 侧面图

侧面图是在与线路垂直方向对桥台进行投影而得到的投影图。表示了桥台的主要形状与特征，反映了桥台与线路、路基及锥体护坡之间的位置关系。主要内容包括以下几部分：

(1)桥台的主要形状特征及尺寸；

(2)用一条水平轨底线标明线路与桥台的位置关系及高差；

(3)一条水平路肩线伸入桥台，表示桥台尾部嵌入路基及其埋入深度；

(4)锥体护坡与台身交线的坡度分别为 1∶1 和 1∶1.25。

2. 半平面半基顶剖面图

半平面图主要表示道砟槽和顶帽的平面形状及尺寸。

半基顶剖面图是沿基础顶部水平剖切向下投影而得到的水平投影图，它表达了台身底面与基础的平面形状和尺寸。

3. 半正面半背面图

该图是以桥台顺线路中心线方向的正面和背面进行投影而得到的组合投影图，表明了桥台正面、背面的形状及尺寸大小。

二、桥台总图的识读

现以图 10-10 为例，介绍桥台总图的识读方法及步骤。

1. 读标题栏及附注说明。了解工程性质、桥台类型、绘图比例及材料要求等。

2. 分析桥台总图的图示方法及要求。了解该图包括哪几个投影图、剖面图或断面图。每个图的投影方向如何、表达的主要内容是什么等。

3. 分析桥台各组成部分的形状、大小。基本读图方法仍采用形体分析法。

(1)基础。根据投影关系，联系桥台的侧面图和半基顶剖面图，分析基础的长、宽、高尺寸。可知桥台基础为 T 形棱柱体，共三层，每层高为 1 000 mm。第一层基础的长度为 5 600＋4 200＝9 800 mm；基础前端宽度为 7 400 mm，后端宽度为 7 000 mm。另两层基础的长度和宽度尺寸请同学自行分析。同时根据投影关系注意理解基础在半正面、半背面图中的表示。

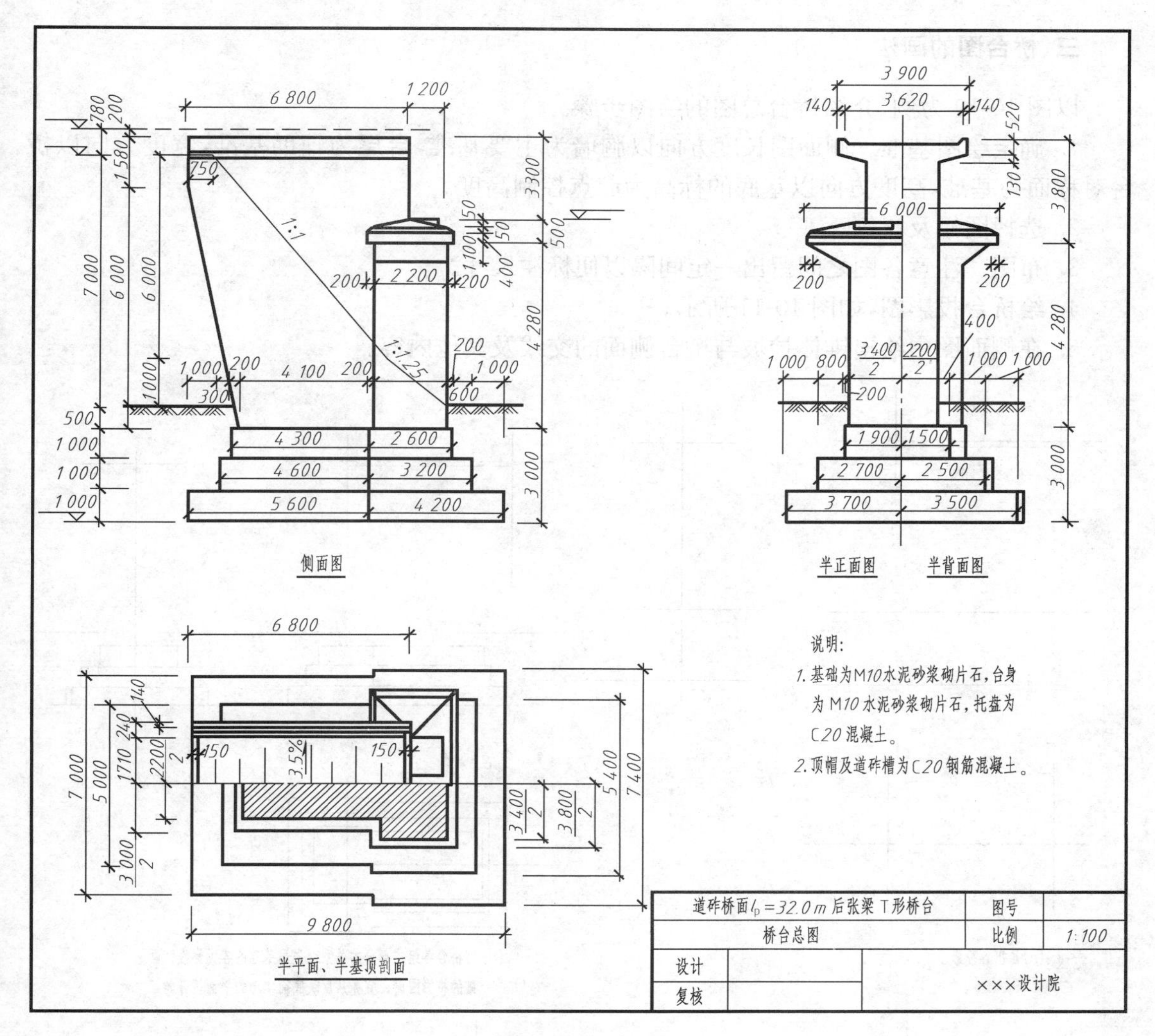

图 10-10　桥台总图

(2)台身。前墙的形状大小可由侧面图及半正面图分析得知,为 2 200 mm×3 400 mm×3 180 mm 的长方体(注意高为何为 3 180 mm)。前墙上部为托盘,联系侧面图及半正面、半背面图可知托盘为一梯形柱体,高 1 100 mm,下底宽 3 400 mm,上底宽 5 600 mm,长为 2 200 mm。

后墙部分结合台顶的部分一起分析。在此不再多叙述。

(3)台顶。顶帽在托盘之上,顶帽总高 500 mm,长 6 000 mm,宽 2 600 mm。其表面设有排水坡($i=3.5\%$)、抹角及支承垫石。后墙(包括台身的部分后墙)根据侧面图计算得出整个后墙总高为 4 280+3 800−130−520=7 430 mm,墙宽 2 200 mm,上部长 6 800 mm,下部长 4 100+200=4 300 mm。后墙背为一斜面和一竖直平面的组合。

道砟槽位于整个桥台的顶部,该部分结构形状较复杂。从桥台总图中可知顺台身部分两侧的为挡砟墙,顶部宽 140 mm,高为 520+130=650 mm。位于道砟槽前后端的为端墙,从半平面半基顶剖面图可知其顶部长为 150 mm,从半正面半背面图可知端墙比挡砟墙要低,并与挡砟墙内侧斜面形成开口槽,用来搁置与梁连接处的盖板,故叫盖板槽,同时起到挡砟作用。

(4)综合各图的分析、总结、归纳形成桥台的整体概念。

三、桥台图的画法

以图 10-10 为例，介绍桥台总图的绘图步骤。

1. 确定绘图基准。侧面图长度方向以胸墙为主要基准，台尾为辅助基准，宽度方向以桥台对称面为基准，高度方向以基底的标高为起点控制高度。

2. 选择图幅及比例。

3. 布图。注意各图之间留出一定间隔以便标注尺寸。

4. 绘桥台投影图，如图 10-11 所示。

5. 在侧面图中绘出锥体护坡与桥台侧面的交线及其他内容。

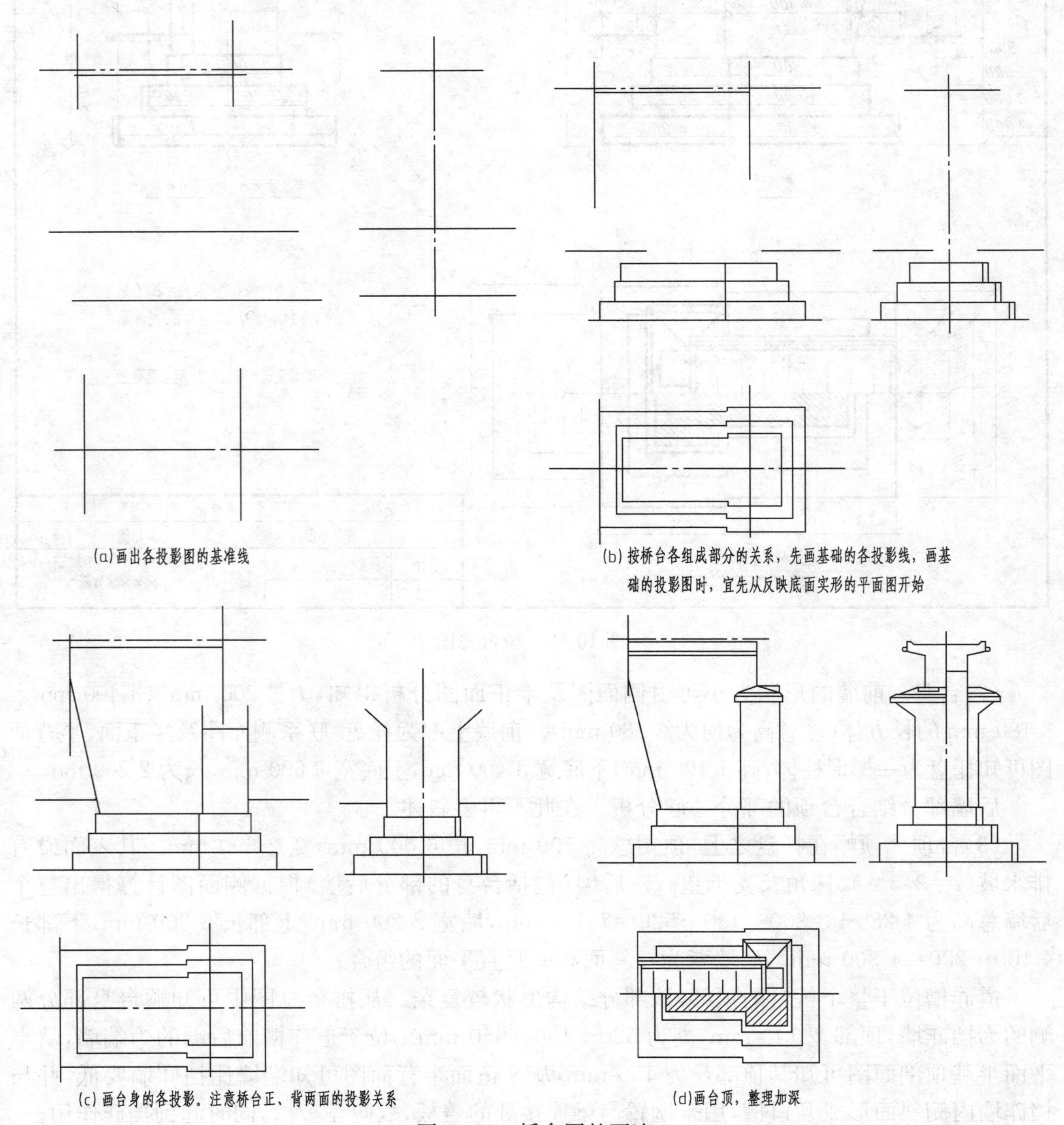

图 10-11　桥台图的画法

6. 检查底图,画出尺寸线、尺寸界线。

7. 描深,标注尺寸 ,书写附注,标题栏。

§10-4　钢筋混凝土梁图

在铁路桥梁中,按结构材料而言,钢筋混凝土图梁桥及预应力混凝土梁桥是最主要的桥梁形式。因而我们非常有必要掌握钢筋混凝土梁图的内容及读图方法。

钢筋混凝土梁根据其主梁横断面形式可分为板式梁、T 形梁、箱形梁几种主要形式,如图 10-12 所示。

钢筋混凝土梁除了主梁以外的其他构造还包括道砟槽[图 10-12(a)]、横隔板[图 10-12(b)]、防排水设施[图 10-13]及人行道、盖板等。

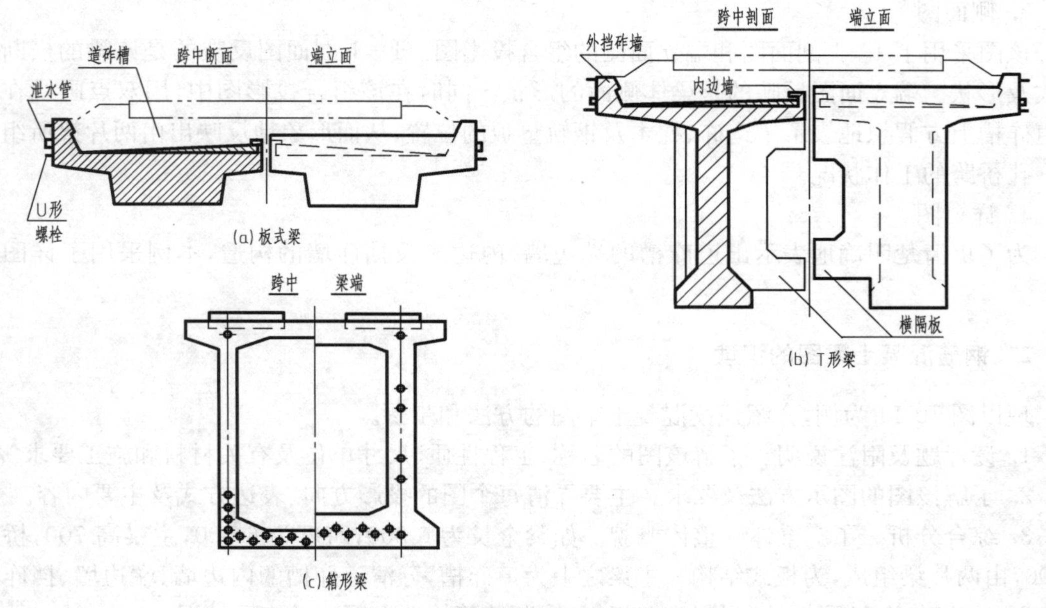

图 10-12　钢筋混凝土梁的形式

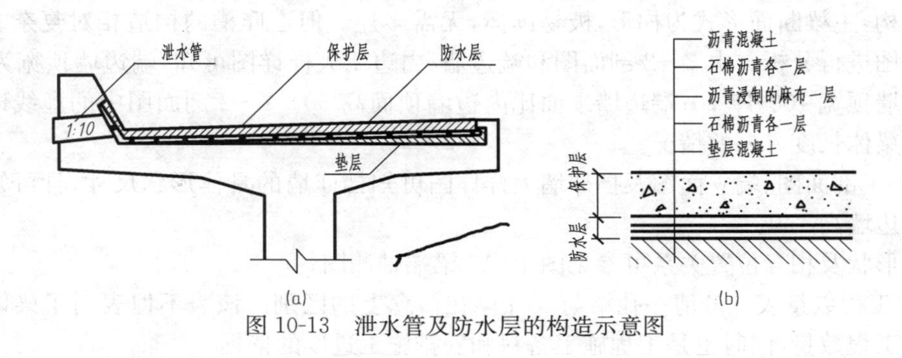

图 10-13　泄水管及防水层的构造示意图

一、钢筋混凝土梁的图示方法与要求

现以图 10-14(见书后附图)所示跨度为 6.0 m 的道砟桥面混凝土梁概图为例,分析其图

示方法与要求。

1. 正面图

该图是沿着梁的长度方向进行投影而得到的。由于混凝土梁在长度方向不论是形状大小,还是结构布置均是对称的,所以在正面投影图上采用了半正面图和半 2—2 剖面图的组合投影图。半正面图是由梁体的外侧向桥跨投影而得到的;半 2—2 剖面图由剖切位置可知实际是由梁体内侧向桥跨投影而得的。它们分别反映了梁体的内侧、外侧及道砟槽的形状及尺寸大小。

2. 平面图

该图采用了半平面图和半 3—3 剖面图的组合投影图的表达方法。平面图只画了桥宽的一半,主要表达道砟槽的平面形状。半 3—3 剖面图主要表示主梁的平面形状和材料,同时还反映了桥孔中两片梁间纵向铺设的混凝土盖板的位置。

3. 侧面图

该图采用了 1—1 剖面图和端立面图的组合投影图。1—1 剖面图反映的是该梁的横断面形式及形状。端立面图反映的是梁体侧面的形状。同时在该组合投影图中,用双点画线在梁的道砟槽上方假想地表示了道砟、枕木及钢轨垫板的位置,从而形象地反映出由两片梁所组成的一孔桥跨的工作状况。

4. 详　图

为了更清楚明确地表示出道砟槽的端边墙、内边墙及挡砟墙的构造,本例采用了详图形式。

二、钢筋混凝土梁图的识读

现以图 10-14 为例,介绍识读混凝土梁图的方法和步骤。

1. 读标题及附注说明。了解该图的名称、工程性质、尺寸单位及有关材料和施工要求等。

2. 了解该图的图示方法及要求。主要弄清每个图的投影方向、表达方式及主要内容。

3. 综合分析。了解梁体的整体概貌。如梁全长为 6 500,跨度为 6 000,主梁高 700,桥宽 3 900,由两片梁组成,为板式结构。主梁之上为道砟槽,分清道砟槽的内边墙、端边墙、挡砟墙的位置,以及有关 U 形螺栓、混凝土盖板标志、断缝等构造在图中的表示情况。

4. 结合详图分析。进一步认清道砟槽各部分的形状、构造及相互位置关系。由于该主梁为板式结构,主梁断面形式为梯形,极易读懂,无需多述。但道砟槽的构造相对复杂。所以必须结合详图进行分析。由 2—2 剖面图和端边墙、内边墙大样详图可知,端边墙顶宽为 150,厚 120;内边墙顶宽 100,厚 70;端边墙顶面比内边墙顶面高 50。2—2 剖面图中的虚线即表示了内边墙沿梁体长度方向的情况。

由 1—1 剖面图、端立面图及挡砟墙大样详图可知挡砟墙的具体形状尺寸,且可知挡砟墙顶面比端边墙高 150。

具体形状及相互位置关系可参见图 10-15 梁端轴测图。

5. 读工程数量表。分清一孔梁与一片梁在概念上的区别。该表不但表明了梁体各部分的用料及工程数量,同时也是工程施工备料和安排施工进度的依据。

三、钢筋布置图的识读

现以图 10-16(见书后附图)为例,介绍钢筋布置图的识读方法及步骤。

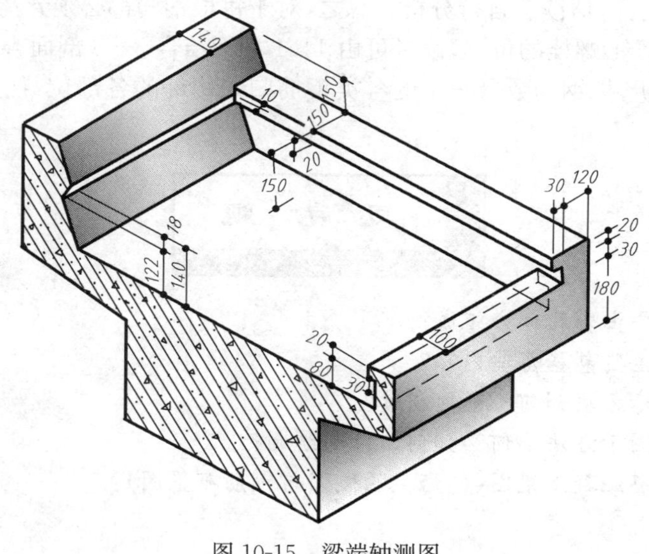

图 10-15 梁端轴测图

1. 读标题栏及附注。了解该梁的名称、制图比例、尺寸单位以及有关施工、材料等方面的要求。

2. 弄清该图的图示方法。了解该图采用了哪些图,各图所表示的是什么部位的钢筋布置情况,以及各图之间的关系。结合钢筋混凝土梁弄清该梁图的外形及尺寸大小。

3. 阅读钢筋数量表。了解该梁所布置的钢筋类型、形状、直径、根数等。在表中详细绘出了每根钢筋的示意图,在此可以代替钢筋成型图,以此可了解每根钢筋的形状,并校核其长度。该梁体内共布置了 21 种类型的钢筋(主筋 7 种)。

4. 根据钢筋数量表中所列出的钢筋,按编码顺序分别从各投影图或剖面图中查找、分析其位置,复核各自的数量。

分析时,应以梁梗中心剖面图为主,再结合其他剖面图逐步进行。

从梁梗中心剖面图可知,该图采用了对称画法。梁底 7 种受力筋($N_1 \sim N_7$)是分两层布置的。其中 $N_1 \sim N_6$ 分六批向上弯起,N_7 为直筋。对照 1—1 剖面和 2—2 剖面可进一步明确受力筋在梁中的位置及排列情况。梁的上部布置有架立筋 N_{34},为直筋。箍筋 N_{21} 的布置在距梁端 100 mm,中间按 300 mm 等间距分布,全长范围内共计 22 组。沿梁宽方向,腹板箍筋 N_{21} 共排列有 6 根。因而可知 N_{21} 在梁内总共有 6×22=132 根(箍筋根数的计算复核为一难点)。

3—3 剖面及 4—4 剖面主要表达道砟槽的挡砟墙及其悬臂处的钢筋布置,也采用了对称画法。这部分钢筋较多,且形状较复杂,阅读时须注意各剖面的剖切位置,将各剖面图联系起来分析。其中 N_{18}、N_{19} 为道砟槽板部分的钢筋。在 3—3 剖面中 N_{19} 位于槽板下部,但在 4—4 剖面中又反映出 N_{19} 在槽板顶部,结合 1—1 剖面及钢筋表中的示意图可知,这是由于 N_{19} 的弯起形状变化所致。N_{54}、N_{16} 要注意由于梁的挡砟墙及内边墙上分别设有 10 mm 的断缝,故 N_{54} 的数量应为 4×2=8 根,N_{16} 的数量为 1×2=2 根。而断缝以下的 N_{53} 则不受影响,其数量为 12 根。

此外从说明第 2 条可知,道砟槽板底部钢筋 N_{51} 的间距与 N_{50} 相同,特设钢筋 N_{30} 的间距与 N_{29} 相同。因此我们只需分析 N_{29}、N_{50} 钢筋的布置规律,就可得知 N_{51} 在跨中段及 N_{30} 在梁两端的布置情况,即 N_{51} 的根数与 N_{50} 相同,N_{30} 的根数与 N_{29} 相同。只不过分布位置有区别而已。

其他钢筋布置情况，请读者自行分析。总之，对于每根钢筋都必须弄清各自的形状、长度、位置和数量。对于 U 形螺栓的位置，读者可由 1—1 剖面结合 3—3 剖面查找分析得出。

5. 综合上述分析，把钢筋数量表中的各类钢筋归入构件的各部位，使之成为一完整的正确的钢筋骨架。

1. 桥梁工程主要由哪几部分组成？
2. 桥梁工程图主要包括哪些内容？
3. 桥墩图的图示方法如何？如何识读？
4. 桥台总图的图示方法如何？如何识读与绘制？
5. 如何识读钢筋混凝土梁图(包括梁的概图与钢筋布置图)？

第十一章

涵洞工程图

涵洞是渲泄小量流水的工程构筑物，在铁道线路中与桥梁的作用基本相同。

涵洞的种类很多，按照构造形式可分为圆管涵、盖板涵、拱涵、箱涵等，如图 11-1、图 11-2、图 11-3 所示。

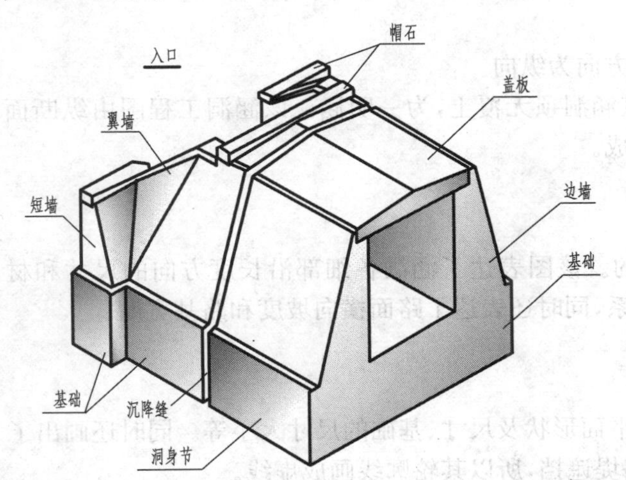

图 11-1　箱形涵洞

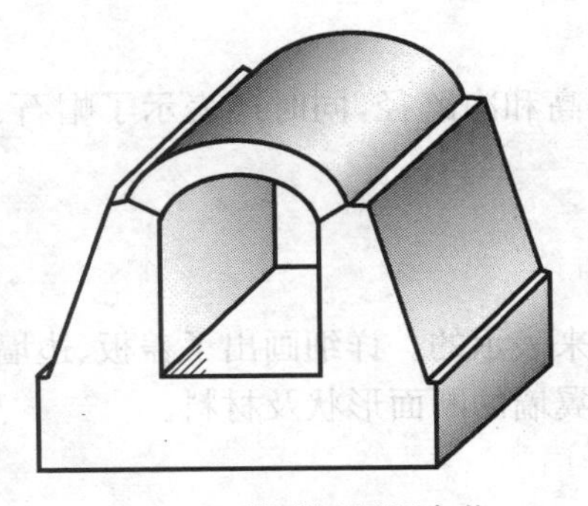

图 11-2　拱形涵洞洞身节

图 11-3　圆形涵洞洞身节

涵洞由基础、洞身、洞口组成。

一、洞　口

洞口分进水洞口和出水洞口，是用来调节水流状态，保持水流通畅，使上下游河床、涵洞基础和两侧路基免受冲刷而设置的。常见的洞门形式有端墙式、翼墙式。翼墙式洞门如图 11-1 所示。

二、洞　　身

洞身是涵洞的主要部分，它的截面形式有圆形、拱形、矩形三大类。洞身埋在路堤内，在长度方向上分为若干段，每段叫做洞身节，每节长大约 3～5 m。各洞身节之间设有沉降缝。洞身的主要作用是为了满足排水的需要，同时承受路基填土及由路基传来的压力并将其传递给地基。

三、基　　础

基础位于整个结构的最下部，主要承受整个涵洞的重量，防止水流冲刷而造成沉陷和坍塌，保证涵洞的稳定。

§11-1　涵洞的图示方法与要求

涵洞是狭长的工程构筑物，故以水流方向为纵向。

图 11-4 为单孔钢筋混凝土盖板涵，该涵洞顶无覆土，为一明涵。该涵洞工程图由纵断面图、平面图、洞口正面图、剖面图及详图组成。

一、纵断面图

该图是沿涵洞中心线剖切后而得到的。该图表达了涵洞各细部沿长度方向的尺寸和材料，以及八字形翼墙及其与洞身的连接关系，同时还表达了路面横向坡度和路基宽度。

二、平 面 图

平面图主要表示涵洞的宽度、洞口的平面形状及尺寸、基础的尺寸大小等。同时还画出了路肩边缘线及示坡线。由于涵洞洞身被路堤遮挡，所以其轮廓线画成虚线。

三、洞口正面图

该图表达的是涵洞出入口的正面形状。表达了洞高和净跨径，同时还表示了帽石、盖板、八字形翼墙、基础等的相对位置和形状。

四、剖 面 图

涵洞洞身的横断面形状及材料是由Ⅰ—Ⅰ剖面图来表示的。详细画出了盖板、边墙、基础及地基的形状及大小。Ⅱ—Ⅱ断面图表达的是八字形翼墙的断面形状及材料。

五、详　　图

该涵洞图为了表示出涵洞顶部的构造采用了 A 点大样详图，对盖板与路基的材料和构造进行了说明。

§11-2　涵洞工程图的识读

现以图 11-4 为例，介绍涵洞图的识读方法和步骤。

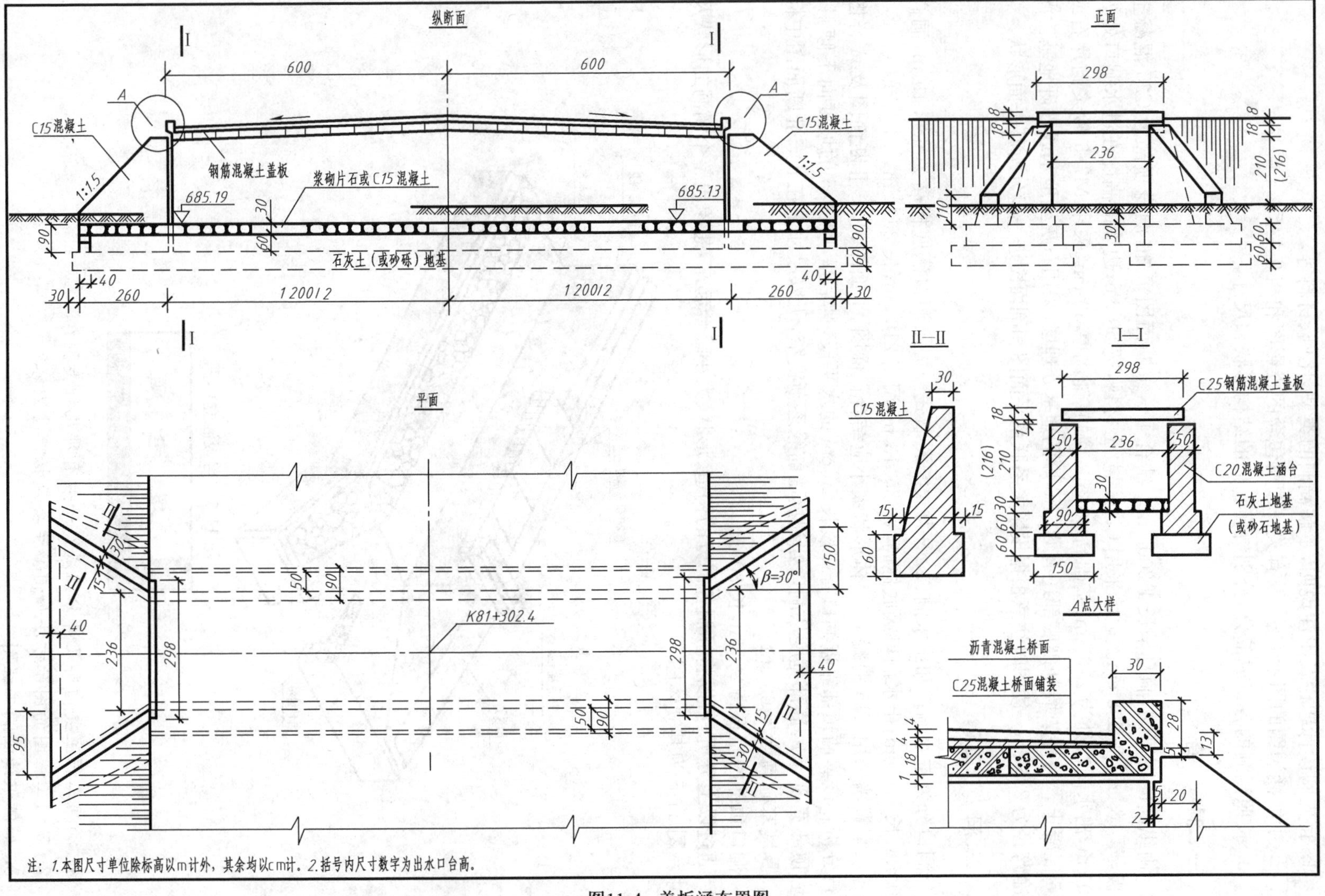
纵断面
正面
平面
I—I
II—II
A点大样
C15混凝土
钢筋混凝土盖板
浆砌片石或C15混凝土
石灰土（或砂砾）地基
1:1.5
685.19
685.13
C25钢筋混凝土盖板
C20混凝土涵台
石灰土地基
（或砂石地基）
沥青混凝土桥面
C25混凝土桥面铺装
K81+302.4
β=30°
注：1.本图尺寸单位除标高以m计外，其余均以cm计。2.括号内尺寸数字为出水口台高。

图11-4　盖板涵布置图

1. 首先阅读标题栏及附注说明，了解涵洞的类型、比例、材料等。
2. 了解涵洞图的图示方法，及有关该图所包含的投影图和相互关系。
3. 按照涵洞的各组成部分，分别看懂它们的结构形状和尺寸。

一、洞　　身

由纵断面图可知，洞身全长 1 200 cm。结合Ⅰ—Ⅰ断面图可知，洞身顶部为 C25 混凝土盖板，厚 18 cm，宽 298 cm。边墙采用 C20 混凝土材料，宽 50 cm；边墙的高度在进水洞口处为 210 cm，出水洞口处为 216 cm；基础高 60 cm。洞底铺砌厚 30 cm，采用 M7.5 砂浆砌片石或 C15 混凝土。另外边墙基础底部还有 60 cm 厚的地基处理层，采用石灰土地基或砂砾地基。涵洞净跨径为 236 cm。读图时注意根据投影关系联系平面图和剖面图进一步分析其平面形状。

二、洞　　口

洞口分为进水洞口和出水洞口，均为八字翼墙式。进水洞口涵底标高为 685.19 m，洞高 210 cm，长 260 cm；出水洞口涵底标高为 685.13 m，洞高 216 cm，长 260 cm。

八字翼墙采用 C15 混凝土，具体形状大小应结合正面图、平面图、Ⅱ—Ⅱ断面图及 A 详图进行分析。该翼墙顶部靠近洞口有一段长 20 cm 的水平段，其后呈 1∶1.5 的坡度向下倾斜。翼墙顶部宽 30 cm，底部宽度从洞口处到翼墙前缘逐渐变窄，所以尺寸未在Ⅱ—Ⅱ断面图中标出。翼墙基础高度为 60 cm。

洞口顶部的帽石高 28 cm，长 30 cm。

通过以上分析，可以将涵洞各部分的构造、形状、大小综合起来，想象出整个涵洞的形状及尺寸。图 11-5 为其立体图。

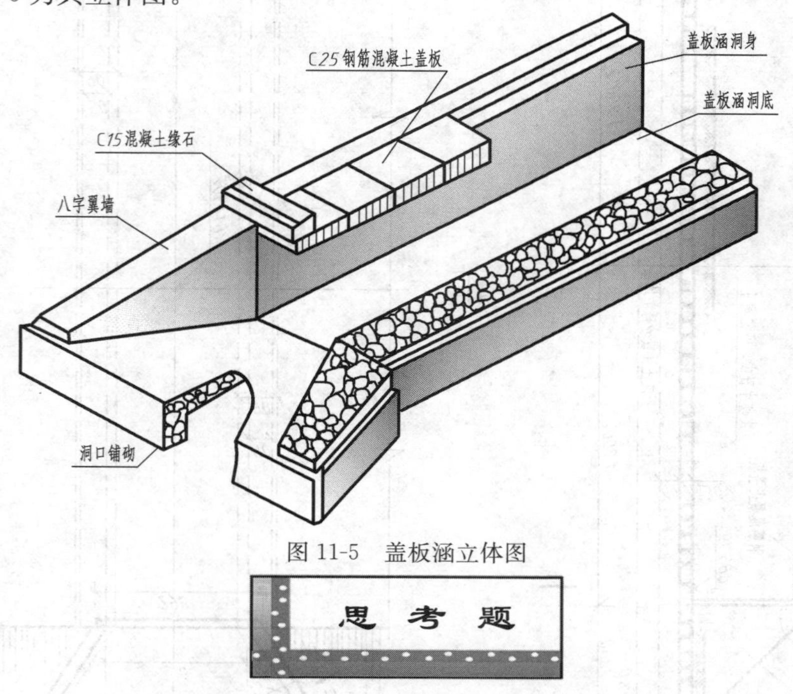

图 11-5　盖板涵立体图

思 考 题

1. 涵洞工程主要由哪几部分组成？一般有哪几种类型？
2. 涵洞工程图的图示方法如何？主要包括哪些内容？
3. 如何识读涵洞工程图？

第十二章

隧道工程图

铁路隧道是为了火车穿越山岭而修建的建筑物。它主要由洞门和洞身组成，此外还有一些附属结构物，如大(小)避车洞，防水、排水和通风设备等。

洞身的两端是洞门，为隧道的外露部分。洞门的基本形式有端墙式、柱式和翼墙式，如图 12-1 所示。

图 12-1　隧道洞门的形式

§12-1　隧道洞门图的图示方法与要求

隧道洞门部分的结构形状和大小，是通过隧道洞门图来表示的。现以端墙式隧道洞门为例，介绍隧道洞门图的图示方法与要求。

端墙式隧道洞门主要由洞门端墙、顶帽、拱圈、边墙、墙顶排水沟、洞内(外)侧沟等组成。

图 12-2 为端墙式单线隧道洞门，共有三个图形，即正面图、平面图、1—1 剖面图。

一、正 面 图

正面图是顺线路方向对隧道洞门进行投影而得到的投影图。它表示了洞门及衬砌的形状和主要尺寸，表达了端墙的高度、长度，端墙与衬砌的相互位置，以及端墙顶水沟的坡度，洞门排水沟的位置和形状等。

二、平 面 图

平面图画出了洞门外露部分的投影，表示了端墙顶帽的宽度及洞门处排水系统各部分的平面位置。

三、1—1 剖面图

该剖面图是沿着隧道中线进行剖切而得到的，清楚地表示了端墙顶水沟的侧面形状及大小,同时表达了端墙的倾斜状态和厚度。

§12-2 隧道洞门图的识读

现以图 12-2 为例,介绍隧道洞门图的识读方法和步骤。

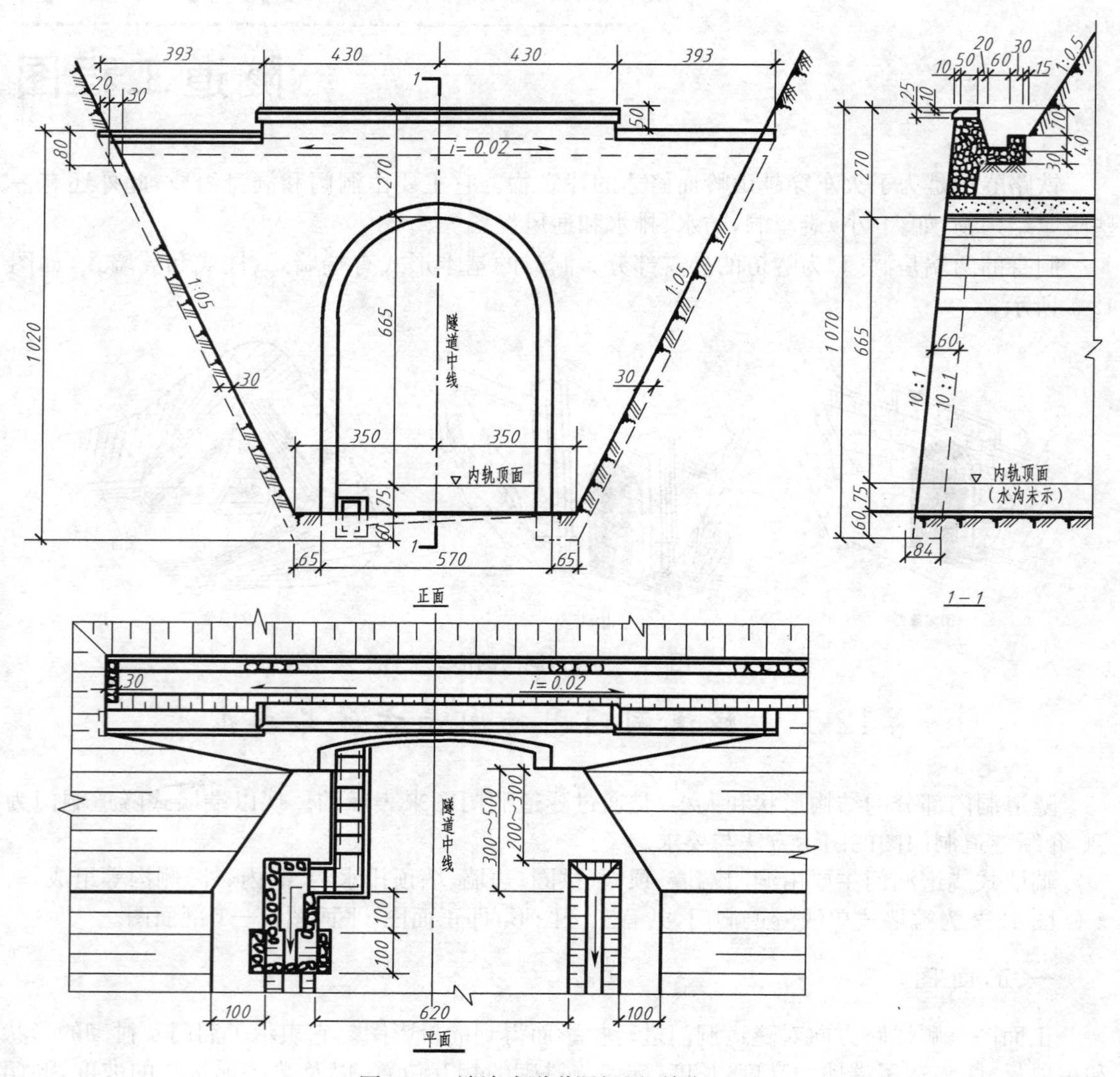

图 12-2 端墙式隧道洞门图(单位:cm)

一、了解标题栏和附注说明的内容

由此可以知道隧道洞门的形式、绘图比例以及有关材料要求等。

二、了解该隧道洞门图的图示方法

该洞门图共有三个图形,即正面图、平面图、1—1 剖面图。1—1 剖面图的剖切位置示于正面图中,初步分析各图的主要内容。

三、识读洞门的各部分形状和尺寸

从正面图及 1—1 剖面图分析可知，洞门端墙为一堵靠山坡倾斜的墙体，倾斜坡度为 10∶1。端墙顶部总长为(430＋393) ×2＝1 646 (cm)，水平方向墙厚 60 cm，呈左边高右边低的倾斜式样。端墙顶有顶帽，顶帽顶部宽 50 cm，除后边外另三边均做成 10 cm 的抹角。端墙的基础置于地面下，用虚线表示。由此可知端墙总的高度为 1 070 cm(1 020＋50＝1 070)。

端墙顶的水沟由正面图的虚线可知为单面坡，坡度 $i=0.02$。箭头所指方向为水流方向。由 1—1 剖面图可知水沟深 40 cm，底部宽 60 cm。水沟左侧设有一厚 30 cm，高 80 cm 的挡水短墙。

图中还表示了衬砌的形状，可知为直边墙式隧道衬砌。衬砌拱圈顶部在轨顶线以上 665 cm，左边墙下侧有排水沟，虚线表示了隧道内地面排水的坡度及方向。衬砌宽为 570 cm，净高为 665＋75＝740 (cm)。

图 12-2 的平面图中表示了洞内外侧沟和路堑侧沟的平面位置及连接情况，在此不做分析。

四、综合分析想像出隧道洞门的整体轮廓形象

§12-3　衬砌断面图

隧道洞身有不同的形式和尺寸，主要用横断面图来表示，称为隧道衬砌断面图。图 12-3 为直边墙式隧道衬砌。

隧道衬砌主要由两部分组成，即拱圈和边墙。由图 12-3 可知，拱圈由三段圆弧组成。从中心线两侧各 45°范围内，其半径为 2 200 mm，圆心在中心线上，距轨顶 4 430 mm；其余两段在圆心角为 33°51′范围内，半径为 3 210 mm，圆心分别在中心线左右两侧 700 mm，高度距轨顶 3 730 mm 处。拱圈厚 400 mm。

边墙墙厚 400 mm，左侧边墙高 1 080＋4 350＝5 430 (mm)，右侧边墙高 700＋4 430＝5 130 (mm)，起拱线坡度为 1∶5.08。

轨顶线以下为线路部分，可知钢轨及枕木的位置，以及道床底部为 3%的单面排水坡。因此左侧底部设有排水沟，右侧为电缆槽。

该隧道衬砌的总宽为 5 700 mm，总高为 8 130 mm。

§12-4　避车洞图

铁路隧道中设有大、小避车洞，主要是供维修人员和运料小车在隧道内躲避列车用的。它们沿线路方向交错设置在隧道两侧的边墙上。小避车洞通常每隔 30 m 设一个，大避车洞每隔 150 m 设一个，如图 12-4 所示。

图 12-5 和图 12-6 示出了大小避车洞的形状和构造。由图可知，大小避车洞的形状基本相似，不同在于尺寸大小。大避车洞比小避车洞要高一些，深一些。具体的分析，同学们可按衬砌断面图的分析方法自行识读。

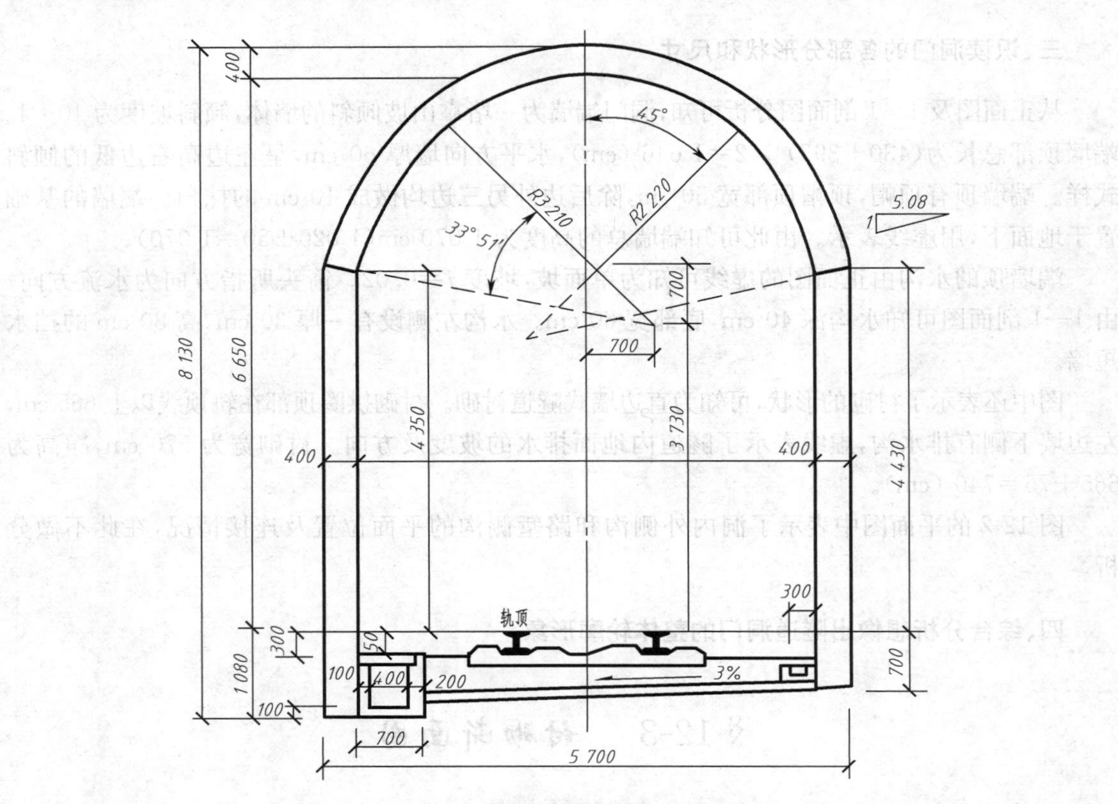

图 12-3　隧道衬砌断面图(单位:mm)

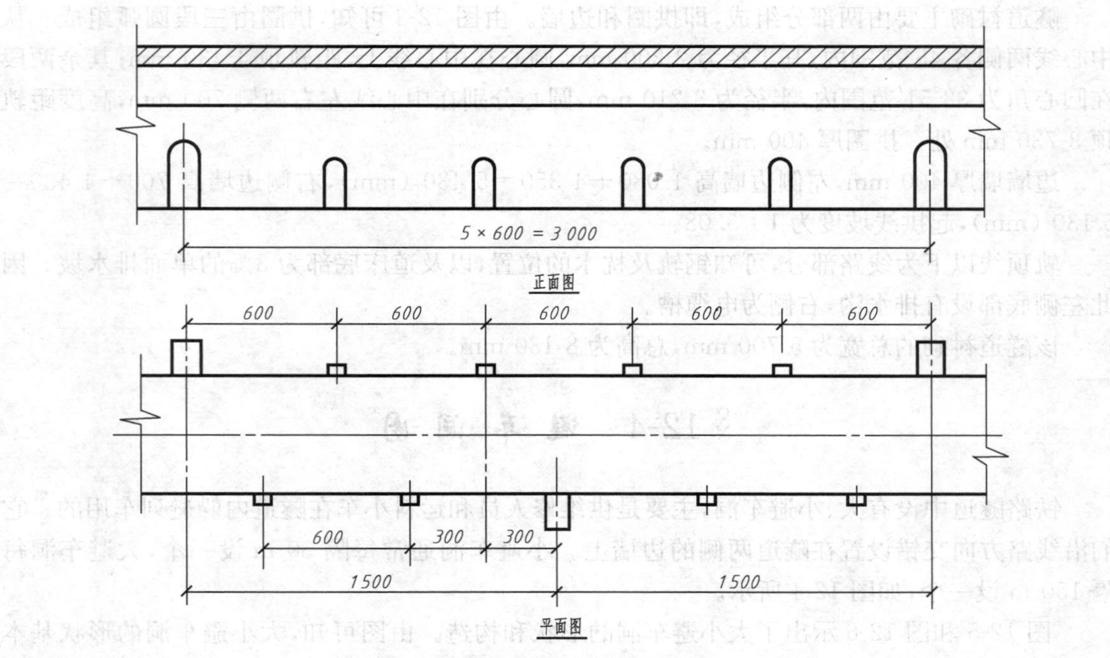

图 12-4　大、小避车洞位置示意图(单位:mm)

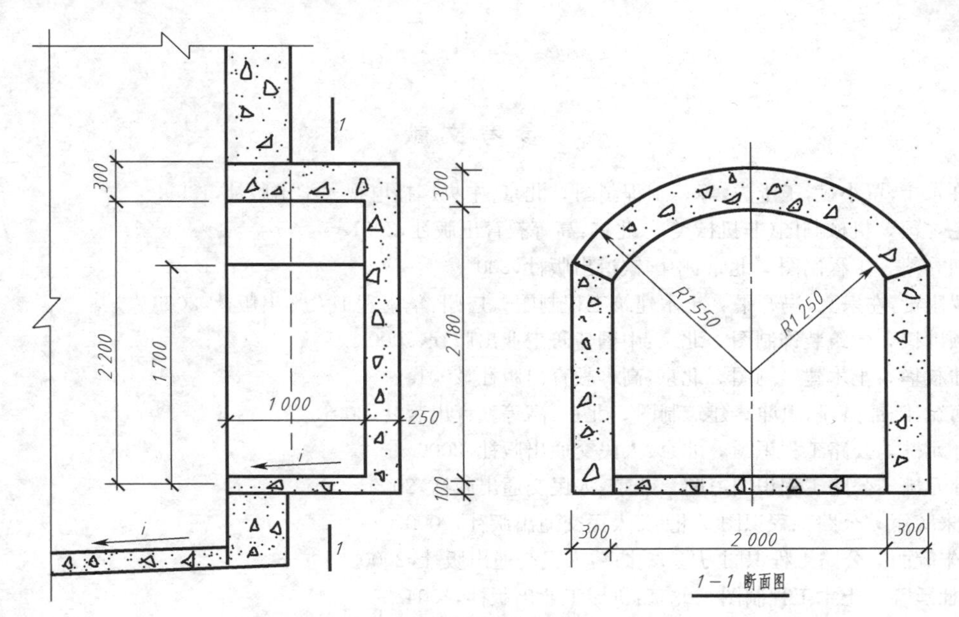

图 12-5　小避车洞图(单位:mm)

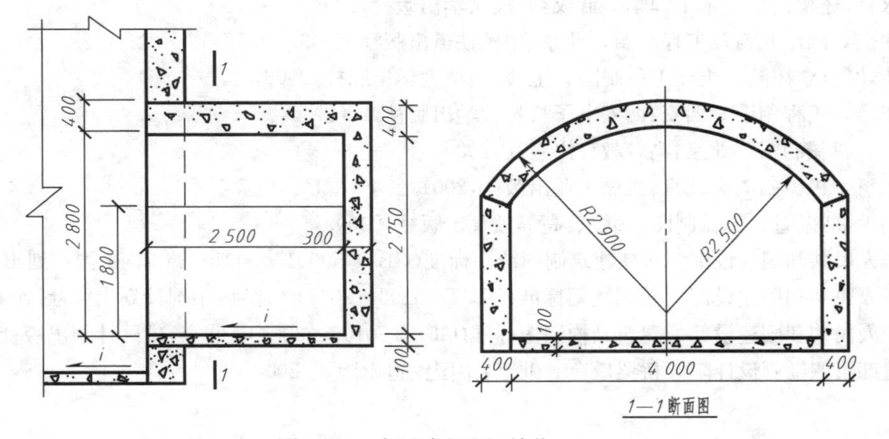

图 12-6　大避车洞图(单位:mm)

思考题

1. 隧道工程主要由哪几部分组成？隧道洞门一般有哪几种类型？
2. 隧道工程图主要包括哪些内容？隧道洞门图的一般图示方法如何？
3. 试述隧道洞门处的水是如何汇集的？
4. 如何识读直墙式隧道洞门图？
5. 隧道衬砌有哪几种类型？识读直墙式隧道衬砌图。
6. 隧道内的避车洞如何设置的？大小避车洞图的画法又有何特点。

参考文献

[1] 许永年,覃小斌,王士虎,等．工程制图．北京:中央广播电视大学出版社,1999.
[2] 毛之颖．机械制图(非机械类)．北京:高等教育出版社,2001.
[3] 刘秀芩．工程制图．北京:中国铁道出版社,2004.
[4] 罗康贤,左宗义,冯开平．土木建筑工程制图．广州:华南理工大学出版社,2003.
[5] 顾世权．建筑装饰制图．北京:中国建筑工业出版社,2000.
[6] 陆叔华．土木建筑制图．北京:高等教育出版社,2001.
[7] 何斌,陈锦昌,陈炽坤．建筑制图．北京:高等教育出版社,2001.
[8] 孙元桃．公路工程识图．北京:人民交通出版社,2000.
[9] 孙元桃．公路工程识图习题．北京:人民交通出版社,2000.
[10] 朱毓丽．公路工程识图．北京:人民交通出版社,2000.
[11] 朱毓丽．公路工程识图习题．北京:人民交通出版社,2000.
[12] 杜廷娜．土木工程制图．北京:机械工业出版社,2004.
[13] 肖燕玉．土木工程制图．成都:西南交通大学出版社,1995.
[14] 陈永喜,任德记．土木工程学．武汉:武汉大学出版社,2004.
[15] 宋兆全．画法几何及工程制图．北京:中国铁道出版社,2005.
[16] 司徒妙年,李怀健．土建工程制图．上海:同济大学出版社,2006.
[17] 吕守祥．工程制图．西安:西安电子科技大学出版社,2002.
[18] 刘力．机械制图．北京:高等教育出版社,2000.
[19] 金大鹰．机械制图．北京:机械工业出版社,2001.
[20] 刘小年,刘振魁．机械制图．北京:高等教育出版社,2000.
[21] 中华人民共和国建设部．房屋建筑制图统一标准(GB/T 50001—2001)．北京:中国计划出版社,2002.
[22] 中华人民共和国建设部．总图制图标准(GB/T 50103—2001)．北京:中国计划出版社,2002.
[23] 中华人民共和国建设部．建筑结构制图标准(GB/T 50105—2001)．北京:中国计划出版社,2002.
[24] 铁道部第四勘测设计院．桥梁墩台．北京:中国铁道出版社,2004.